Java
编程入门与项目应用

黎 明 丁 洁 张雪英◎著

中国原子能出版社

图书在版编目（CIP）数据

Java编程入门与项目应用 / 黎明，丁洁，张雪英著
. -- 北京：中国原子能出版社，2022.6
ISBN 978-7-5221-1991-5

Ⅰ. ①J… Ⅱ. ①黎… ②丁… ③张… Ⅲ. ①JAVA语言—程序设计 Ⅳ. ①TP312.8

中国版本图书馆CIP数据核字（2022）第102030号

内容简介

本书是一本关于Java语言基础知识和程序设计开发用书。本书深入浅出地介绍了Java语言程序开发的环境、Java语言的基础语法知识、Java语言的编程思想、Java语言的网络编程、数据库编程、Swing组件编程、Web编程等多种应用以及项目实战内容。本书注重学练结合，基础知识均配合相应示例，示例包含完整源码，并附以详细注释，每章还提供相应的练习，相信“基础知识＋示例＋练习”的形式可以帮助读者牢固掌握知识点，快速提高编程水平。

全书结构完整、思路清晰、逻辑严谨，适合编程爱好者、初学者、中级程序开发人员以及其他相关从业人员阅读使用，相信您阅读本书一定能有所收获！

Java编程入门与项目应用

出版发行	中国原子能出版社（北京市海淀区阜成路43号　100048）
责任编辑	张　琳
责任校对	冯莲凤
印　　刷	北京亚吉飞数码科技有限公司
经　　销	全国新华书店
开　　本	787 mm×1092 mm　1/16
印　　张	16
字　　数	417千字
版　　次	2022年6月第1版　2022年6月第1次印刷
书　　号	ISBN 978-7-5221-1991-5　　定　价　84.00元

网址：http：//www.aep.com.cn　　E-mail：atomep123@126.com
发行电话：010－68452845

前　言

Java语言作为一种高效的、面向对象的高级编程语言，因其具有简单、安全、跨平台、可移植等显著特点，从开发使用至今一直备受欢迎，是广泛流行的编程语言之一。

Java语言功能强大，应用场景广泛，使用Java不仅可以开发软件工具、服务器程序、Web程序和安卓应用，还可以处理大数据。随着信息化发展的不断推进，计算机行业对于程序员的需求逐年上升，由于Java技术横跨多个应用领域，因此对Java人才的需求一直居高不下。在信息化技术日益精进的今天，学习和掌握一门编程语言十分必要，而Java语言无疑是很好的选择。

本书内容循序渐进，按照“搭建开发环境—基础语法知识—高阶编程思想—实战应用”的逻辑顺序详细介绍了如何配置Java开发环境、编写首个应用程序；系统阐述了变量、基本数据类型、运算符、编码规范、流程控制语句等基础语法知识；深入讲解了面向对象、反射、多线程等编程思想；全面展示了Java语言在网络编程、数据库编程、桌面窗体开发、Web开发等方面的实际应用。书中最后以企业设备管理系统为例，演示了完整项目的开发过程。

本书展示和解析了大量贴近工作和生活的编程示例，并且示例提供了完整的代码和运行结果，读者可以根据示例边学边练，在练习中掌握和巩固相关知识点，快速提高编程能力。本书核心代码均配有详细注释，助力读者快速读懂代码逻辑。

书中特别设有“技巧点拨”“巧避误区”和“小试锋芒”版块。“技巧点拨”版块分析Java实用编程技巧，总结Java编程重点和难点，帮助读者提升编程技能；“巧避误区”版块梳理编程过程中的易错点，帮助读者规避误区，少走弯路；

“小试锋芒”版块根据重点知识提供相关练习，以练促学，帮助读者复习巩固所学知识，及时检验学习成果。

全书语言通俗易懂、可读性强，内容丰富、启发性强，结构逻辑严谨、层次分明。通过阅读本书，相信你一定可以掌握Java语言，提升编程思想，丰富编程技能。

本书在编撰过程中，借鉴了不少学者的观点与相关资料，在此，对这些学者表示真诚的感谢！同时，欢迎您提出宝贵意见与建议，以便不断完善本书，再次表示感谢！

作　者

2022年4月

目　　录

第 1 章　初识 Java 语言 ········· *1*

1.1　Java 简介 ········· 2

1.2　搭建 Java 开发环境 ········· 3

1.3　Java 的开发工具 Eclipse ········· 6

1.4　第一个 Java 程序 ········· 10

第 2 章　变量与基本数据类型 ········· *13*

2.1　变量与常量 ········· 14

2.2　标识符与保留字 ········· 15

2.3　基本数据类型 ········· 17

2.4　数据类型的转换 ········· 22

2.5　数组 ········· 23

第 3 章　运算符和编码规范 ········· *27*

3.1　数学运算符 ········· 28

3.2　关系运算符 ········· 31

3.3　三目运算符 ········· 32

3.4　逻辑运算符 ········· 33

3.5　位运算符 ········· 34

3.6　运算符的优先级 ········· 36

3.7　编码规范 ········· 37

第4章　流程控制语句 …… 41
4.1　条件语句 …… 42
4.2　循环语句 …… 49

第5章　面向对象编程 …… 55
5.1　面向对象的编程思想 …… 56
5.2　类和对象 …… 57
5.3　属性 …… 60
5.4　方法 …… 62
5.5　this关键字 …… 66
5.6　static关键字 …… 67
5.7　代码块 …… 68

第6章　包装类 …… 71
6.1　String类 …… 72
6.2　Integer类 …… 74
6.3　Boolean类 …… 76
6.4　Character类 …… 77
6.5　Double类 …… 78
6.6　Number类 …… 79
6.7　Date类 …… 80

第7章　继承与多态 …… 85
7.1　继承 …… 86
7.2　多态 …… 90

第8章　接口与内部类 …… 95
8.1　接口 …… 96
8.2　内部类 …… 102

第9章　集合类 …… 105
9.1　Collection接口 …… 106

9.2　List 集合 …… 106
9.3　Set 集合 …… 110
9.4　Map 集合 …… 111
9.5　其他集合类 …… 113
9.6　算法 …… 115

第 10 章　异常与调试 …… *117*

10.1　认识异常 …… 118
10.2　捕获异常 …… 120
10.3　自定义异常 …… 122
10.4　断言 …… 124
10.5　日志 …… 126
10.6　调试技术 …… 128

第 11 章　Java I/O …… *131*

11.1　文件操作 …… 132
11.2　输入和输出 …… 134
11.3　字符编码 …… 139
11.4　对象序列化 …… 140

第 12 章　反射 …… *143*

12.1　认识反射机制 …… 144
12.2　Class 类对象实例化 …… 145
12.3　反射机制与类操作 …… 146
12.4　反射与设计模式 …… 148

第 13 章　多线程 …… *155*

13.1　认识多线程 …… 156
13.2　线程的生命周期 …… 157
13.3　创建与操作线程 …… 158
13.4　线程同步 …… 164
13.5　线程之间的协作 …… 167
13.6　线程池 …… 171

第 14 章　网络编程 …… 173

14.1　网络知识 …… 174
14.2　TCP 编程 …… 175
14.3　UDP 编程 …… 182

第 15 章　数据库编程 …… 189

15.1　数据库简介 …… 190
15.2　JDBC 简介 …… 191
15.3　数据库操作 …… 194

第 16 章　Swing 用户界面组件 …… 201

16.1　认识 Swing …… 202
16.2　Swing 组件 …… 202
16.3　布局管理器 …… 207
16.4　事件处理 …… 212

第 17 章　Web 编程 …… 215

17.1　认识 Web 开发 …… 216
17.2　Java Web 开发的主流框架 …… 217
17.3　Web 服务器 …… 218
17.4　创建 Java Web 项目 …… 221
17.5　Web 开发相关技术 …… 223

第 18 章　企业设备管理系统 …… 225

18.1　系统分析 …… 226
18.2　系统设计 …… 226
18.3　开发环境 …… 229
18.4　系统实现 …… 229

参考文献 …… 243

第 1 章　初识 Java 语言

Java 语言是一种面向对象的程序设计语言，它具有功能强大、简单易用、支持跨平台、安全性强等特点，因此受到众多企业经营管理者与程序开发人员的青睐。如今，Java 语言的应用已十分广泛，其在服务端编程、网络编程、分布式计算以及移动端应用开发中均占有一席之地。

接下来就一起走进 Java 世界，开启 Java 编程之旅。

1.1 Java 简介

1.1.1 认识 Java 语言

20 世纪 90 年代，Sun 公司研发了 Oak 语言，该语言本是为了攻克计算机在家电产品上的嵌入式应用，但由于缺乏硬件的支持，Oak 语言并未得到广泛使用。之后，随着互联网的蓬勃发展，Oak 语言借助自身体量小的优势在网络传输中大放异彩。

1995 年，Oak 语言被更名为 Java 语言并正式发布。Java 语言一经发布，就得到 IBM、Apple 等各大公司的支持。

1.1.2 Java 语言的特点

作为一种面向对象的高级程序设计语言，Java 语言具有简单易懂、安全等多项优点（图 1-1）。Java 语言支持跨平台，这意味着无论是 IBM 计算机还是 MAC 苹果计算机，无论是 Windows 系统还是 Linux 系统，Java 程序均可在其上运行。

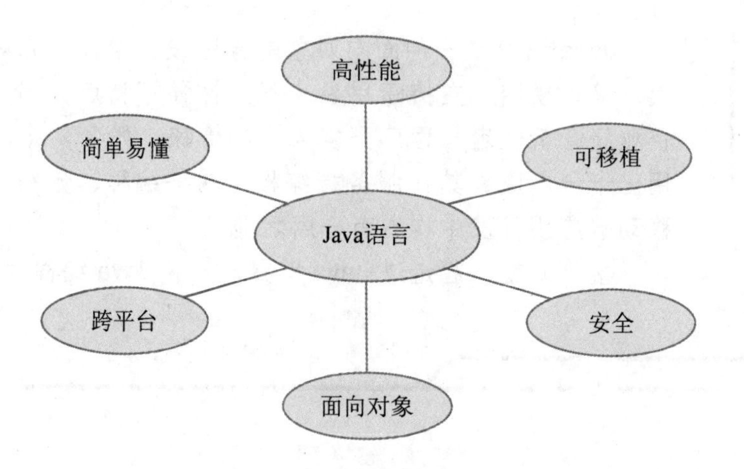

图 1-1　Java 语言的特点

Java 是一门跟随时代快速发展而出现的程序设计语言，其应用十分广泛。Java 语言不仅可用于计算机桌面应用程序的开发，还可用于 Web 应用程序的开发，同时 Java 语言在嵌入式系统、分布式系统以及移动端应用开发中都发挥着重要作用。

如今，大数据应用和移动端应用发展迅猛，企业对 Java 开发人员的需求越来越多，使得 Java 语言成为全球使用广泛的计算机编程语言。

1.1.3　Java 的版本

根据应用场景的不同，Java 可以分为以下 3 个版本。

（1）Java SE——Java 的标准版本，包含 Java 语言基础、数据库连接操作、输入输出操作以及多线程等技术，主要用于桌面应用程序开发。

（2）Java EE——Java 的企业版本，主要用于开发服务器应用程序，例如服务器接口等。Java EE 版本兼容 Java SE 版本。

（3）Java ME——主要用于嵌入式系统开发，如手机等消费电子设备。由于 Java ME 开发不仅需要虚拟机还需要底层操作系统的支持，因此逐渐被淘汰。

1996 年，Java 的第一个开发工具包 JDK 1.0 问世，如今，JDK 的稳定版本已更新到 JDK 17，随着版本的更新，Java 的功能越来越强大，性能也越来越优异。

1.2　搭建 Java 开发环境

1.2.1　Java 程序的运行机制

在搭建 Java 开发环境之前，需要先来认识 Java 程序的运行机制。

Java 语言编写的程序在运行之前需要先进行编译。首先通过文本编辑器或其他开发工具编写扩展名为 java 的程序，然后该程序经过编译器编译生成扩展名为 class 的 Java 字节码文件。当程序运行时 Java 字节码由 Java 虚拟机（JVM）解释为可以被计算机识别的机器码（由 0 和 1 组成的二进制码），然后在计算机上运行。Java 程序的运行机制如图 1-2 所示。

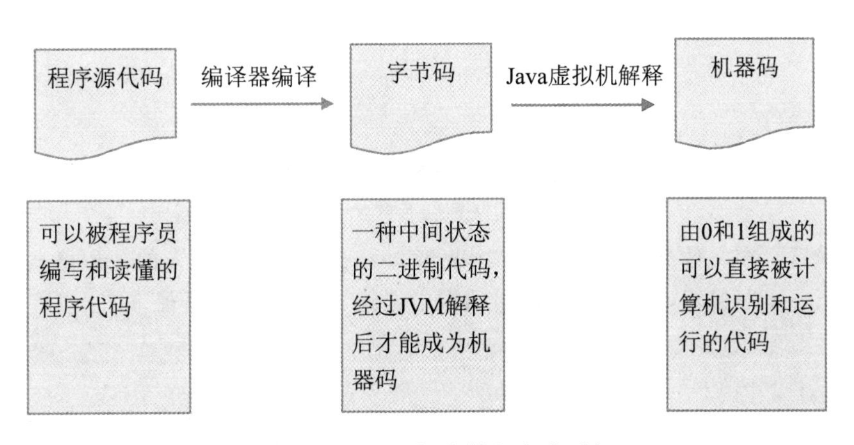

图 1-2　Java 程序的运行机制

1.2.2 下载并安装 JDK

JDK 是 Java 语言的软件开发工具包，它包含了 Java 运行环境 JRE、Java 工具和 Java 基础类库。JRE 包含了 Java 虚拟机和 Java 系统类库，是 Java 程序运行所必需的环境集合，如果只是运行 Java 程序而不进行开发，则只安装 JRE 即可，如果既要开发 Java 程序又要运行，则需安装 JDK。

JDK 从上市至今已经更新过多个版本，从 JDK 8 以后，JDK 的更新策略采用以时间驱动的方式，通常每六个月发布一个新的 JDK 版本，每三年发布一个长期支持版本，其中长期支持版本为稳定版本，其他版本为过渡版本。JDK 8、JDK 11 和 JDK 17 均为长期支持版本。在使用时，如果是开发服务器的项目，则需要根据服务器的系统环境下载与服务器端相同版本的 JDK，如果是个人学习使用，建议下载 JDK 8、JDK 11 或 JDK 17 稳定版本。Java 支持跨平台，在下载 JDK 时，需选择与计算机的操作系统相对应的 JDK 版本。

本书以 JDK 17 为例演示下载及安装 JDK 的方法，操作步骤如下。

（1）打开浏览器，在地址栏输入网址 https://www.oracle.com/java/technologies/downloads/，将页面下拉即可看到 JDK 17 的下载链接（图 1-3），选择操作系统，点击相应链接进行下载，本书以 64 位 Windows 10 操作系统为例进行演示。

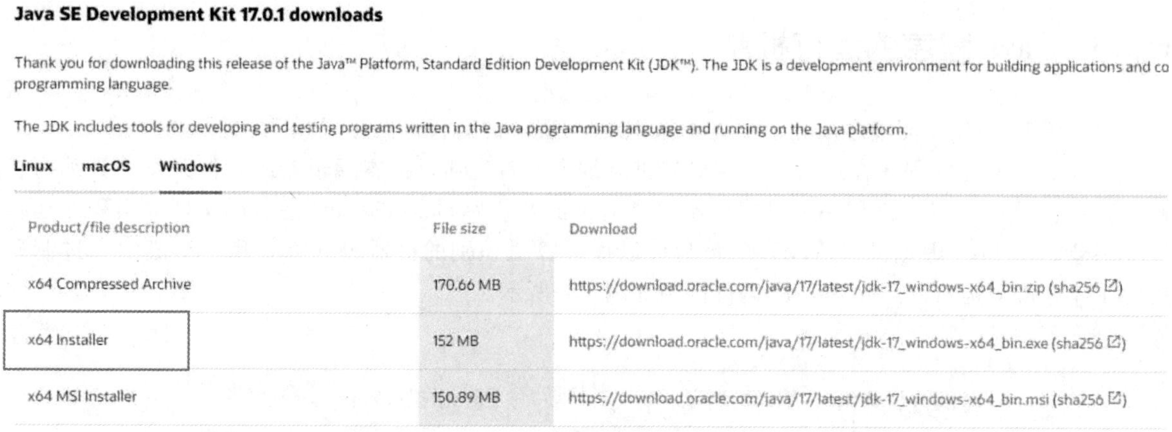

Java SE Development Kit 17.0.1 downloads

Thank you for downloading this release of the Java™ Platform, Standard Edition Development Kit (JDK™). The JDK is a development environment for building applications and co programming language.

The JDK includes tools for developing and testing programs written in the Java programming language and running on the Java platform.

Linux **macOS** **Windows**

Product/file description	File size	Download
x64 Compressed Archive	170.66 MB	https://download.oracle.com/java/17/latest/jdk-17_windows-x64_bin.zip (sha256)
x64 Installer	152 MB	https://download.oracle.com/java/17/latest/jdk-17_windows-x64_bin.exe (sha256)
x64 MSI Installer	150.89 MB	https://download.oracle.com/java/17/latest/jdk-17_windows-x64_bin.msi (sha256)

图 1-3 JDK 下载链接

（2）下载完成后，在文件夹中出现名为“jdk-17_windows-x64_bin”的 exe 格式文件，直接双击该文件并点击“下一步”按钮，在新弹出的对话框中选择 JDK 的安装路径（图 1-4）。

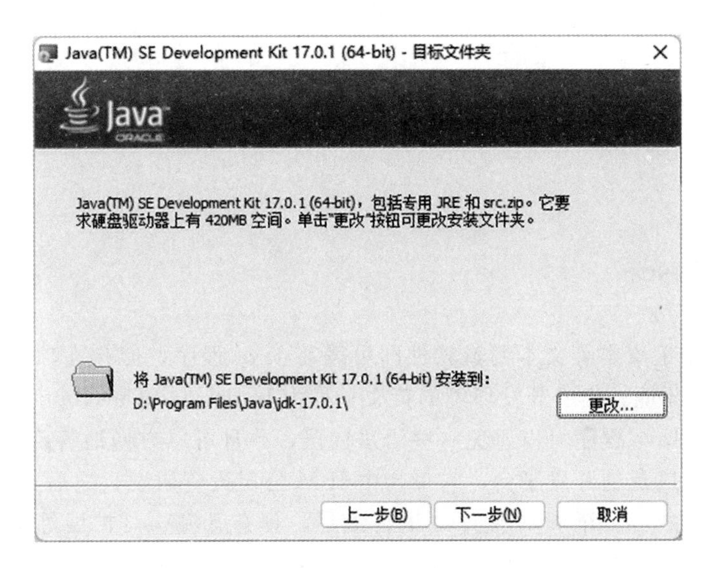

图 1-4　选择 JDK 的安装路径

（3）点击“下一步”按钮，JDK 开始安装，安装完成后界面中出现“后续步骤”和“关闭”两个按钮。点击“后续步骤”按钮，可以查看教程、API 文档等内容，点击“关闭”按钮，JDK 安装结束。

（4）检测是否安装成功。在命令行窗口中运行“java -version”命令，如果出现当前 JDK 的版本号等信息，则说明 JDK 安装成功，如果出现“‘java’不是内部或外部命令……”，则说明安装失败，须卸载重新安装或者手动配置环境变量。

技巧点拨

配置环境变量

JDK 17 在安装过程中自动配置了环境变量，但是 JDK 的其他一些版本可能需要手动配置环境变量才能正常使用，Windows 系统中手动配置环境变量的方法如下。

（1）右击桌面上的“此电脑”图标，在新弹出的各个界面中依次选择“属性”—“高级系统设置”—“环境变量”链接或按钮。

（2）在环境变量界面中的“系统变量”中选择“Path”变量，点击“编辑”按钮，在系统变量“Path”中加入 JDK 根目录路径下的 bin 路径。

（3）通过“java -version”命令检测环境变量是否配置成功。

1.3 Java的开发工具 Eclipse

1.3.1 认识 Eclipse

安装 JDK 后，使用记事本等文本编辑软件即可编写 Java 程序，但是在项目实际开发过程中通常选择更便利的集成开发环境。集成开发环境的英文全称为 Integrated Development Environment，缩写为 IDE，使用它来编写 Java 程序可以避免一些语法错误，并且可以方便地管理项目结构。

Eclipse 是一个应用广泛的开发平台，它最初由 IBM 公司投资研发，之后贡献给 Eclipse 联盟，由后者负责后续开发和维护。Eclipse 基于 Java 语言编写，具有开源、可扩展等优点，是目前使用广泛的 Java 集成开发环境之一。此外，Eclipse 具有补全文字、代码修正、API 提示等强大的代码辅助功能，使用 Eclipse 开发 Java 程序可以提高开发人员的开发速度，节省开发人员的时间和精力。

1.3.2 下载 Eclipse

JDK 安装完成后即可下载 Eclipse 集成开发环境，下载和安装 Eclipse 的操作步骤如下。

（1）打开浏览器，访问官网链接 https://www.eclipse.org/downloads/，在下载页面中点击"Download Packages"链接（图 1-5），出现如图 1-6 所示页面。

图 1-5　Eclipse 的下载页面

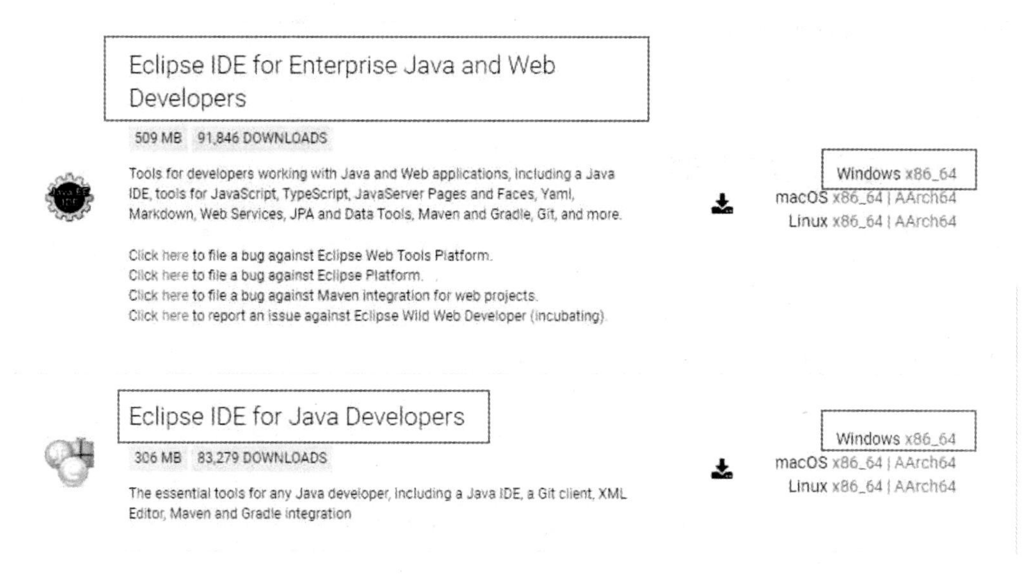

图 1-6　Eclipse 的不同版本

（2）新页面中包含多个 Eclipse 版本，其中“Eclipse IDE for Enterprise Java and Web Developers”版本为企业版，可开发 Web 应用，Eclipse IDE for Java Developers 为精简版，用户可根据自己需要进行下载，本书以精简版为例进行演示。在版本右侧，点击与操作系统匹配的链接进行下载。

（3）在新页面中点击“Download”按钮进行下载，如果无法下载，可以返回到上一页面中，点击“Select another Mirror”链接，选择其他镜像地址进行下载。

（4）下载后得到名为“eclipse-java-2021-12-R-win32-x86_64. zip”的压缩文件。

1. 3. 3　启动并设置 Eclipse

启动 Eclipse 的操作步骤具体如下。

（1）解压下载好的“eclipse-java-2021-12-R-win32-x86_64. zip”文件，在文件夹下找到 eclipse. exe 文件并双击启动。

（2）在弹出的 Eclipse 启动程序对话框中（图 1-7），选择一个路径作为项目的工作空间，工作空间用于保存建立的程序项目和相关设置，点击“Launch”按钮，继续启动 Eclipse。

（3）Eclipse 首次启动时显示“Welcome”欢迎页面，点击“Welcome”标题栏上的“×”按钮，关闭欢迎页面，即可正常使用 Eclipse。

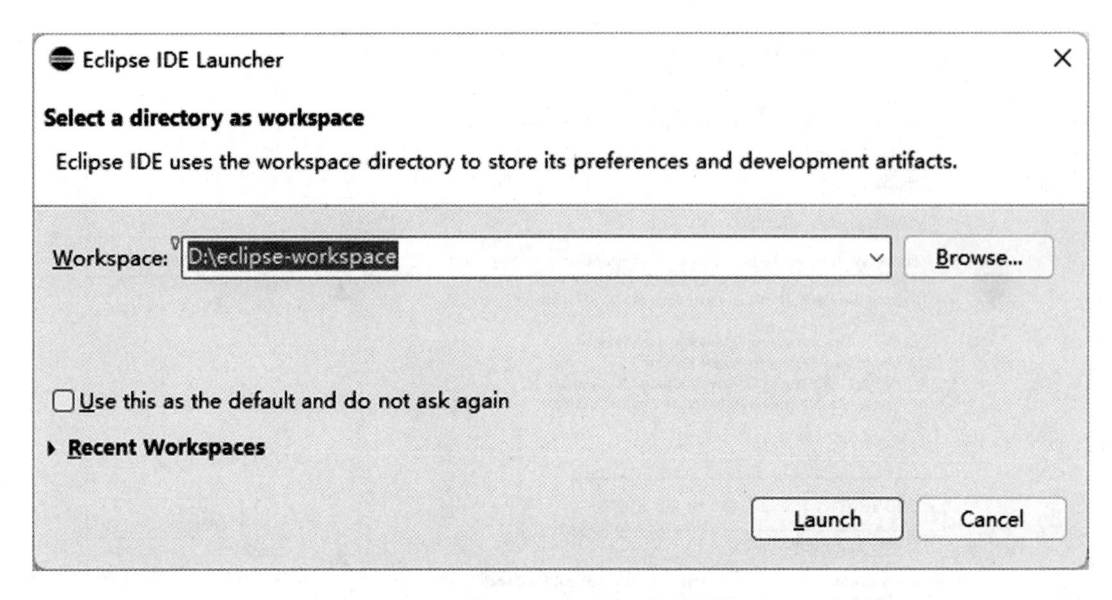

图 1-7 Eclipse 启动程序对话框

1.3.4 Eclipse 工作台

Eclipse 启动后的主体界面如图 1-8 所示。界面上方为菜单栏和工具栏，界面右上角为透视图(Perspective)相关按钮，界面中心位置为程序编辑区，其他部分为视图（View）区。Eclipse 中设置了多种透视图，默认展现的是 Java 透视图，除此之外，还有 Debug、Git、Resource 等透视图。选择不同的透视图，页面将展现不同的视图，例如 Java 透视图中通常展现"Package Explorer""Outline""Problems"等视图，如果切换到 Debug 透视图，则会展现"Debug""Console""Variables"等视图。可以将透视图理解为一组视图的集合以及布局，针对透视图中的每个视图，右上角都有关闭标志，用户可以根据自己的需要关闭视图或拖动视图的位置，从而将 Eclipse 布局为符合自己使用习惯的开发工具。

编写 Java 程序时，Eclipse 可以自动构建一些代码，还可以提示语法错误并进行代码修正。Eclipse 中的快捷键能帮助程序开发人员加快程序编写速度，一些常用的快捷键见表 1-1。

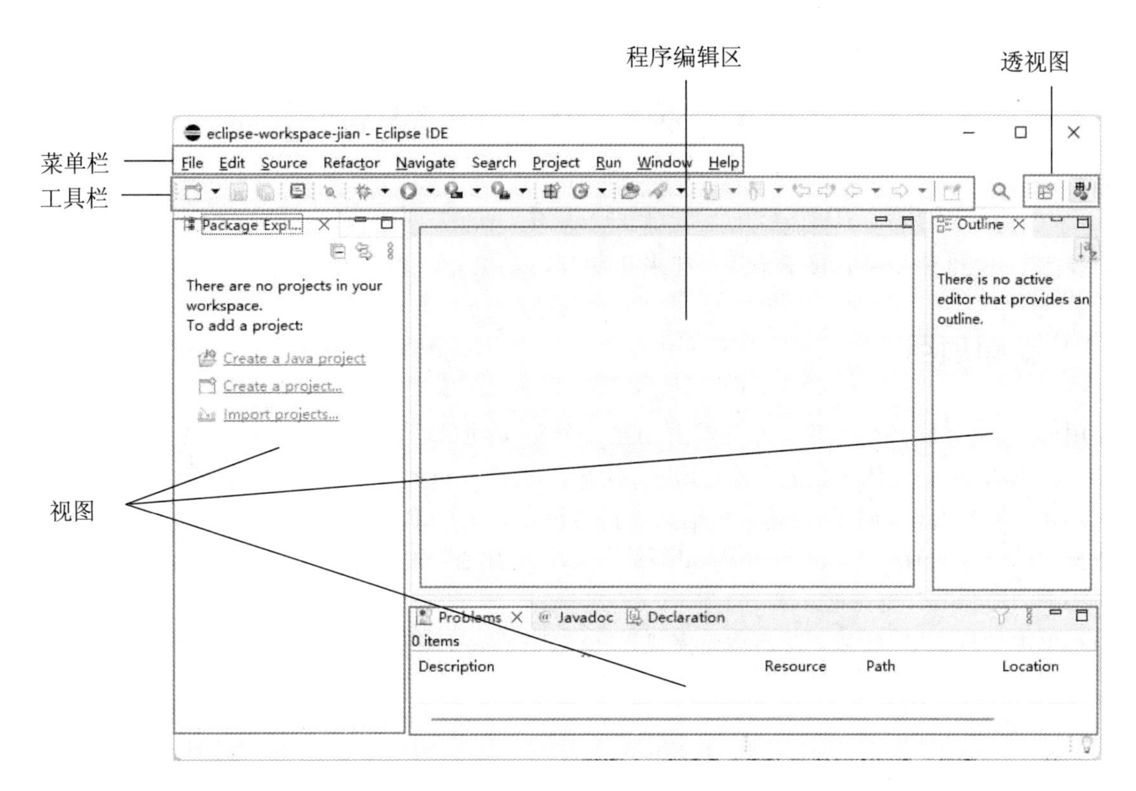

图 1-8　Eclipse 的主体界面

表 1-1　Eclipse 中常用的快捷键

快捷键	说　　明
Ctrl+Shift+F	调整选中代码的格式
Ctrl++/−	放大/缩小程序编辑窗口的文字
Ctrl+1	激活“代码修正菜单”，快速修复建议
Ctrl+Shift+O	组织类的 import 导入：添加相关 import 导入，去除无用的 import 导入
Alt+/	自动提示，内容辅助
Ctrl+Y/Z	重做/撤销
Ctrl+D	删除当前行（单行或多行）
Ctrl+/	添加/取消注释
Alt+↑/↓	移动当前行到上/下一行

Eclipse 中还包含很多其他快捷键，点击菜单“Window—Preferences”，在弹出的对话框中选择“General—Keys”可以查看和设置快捷键。

1.4 第一个 Java 程序

安装完 JDK 和 Eclipse，接下来就一起来开发 Java 的第一个程序吧。

1.4.1 新建项目

使用 Eclipse 开发 Java 程序，首先需要创建一个 Java 项目，具体操作步骤如下所示。

（1）在 Eclipse 上方依序点击菜单“File—New—Java Project”，弹出“新建 Java 项目”对话框。

（2）在“新建 Java 项目”对话框中输入项目名称，如 MainProject；在 Project layout（项目布局）栏中选择“Create separate folders for sources and class files”选项；在 Module 区取消勾选“Create module-info. java file”复选框。

（3）单击“Finish”按钮，项目创建完成。在“Package Explorer”视图中可查看新建的项目及项目结构。

模块化声明文件

新建 Java 项目时，我们取消了勾选“Create module-info. java file”（新建模块化声明文件）复选框，模块化开发是 JDK 9 新增的特性，但是模块化开发十分复杂，新建的模块化声明文件还会影响 Java 项目的运行，因此新建 Java 项目时建议直接取消该选项。

1.4.2 新建 Java 类文件并运行

右击项目名称，选择“New—Class”菜单，弹出“New Java Class”对话框（图 1-9），在 Package 栏填写包名，可以把包理解为路径，这里我们填写包名为 com. book. ch1，因为此包并不存在，因此系统创建类时将自动创建该包；在 Name 栏填写类的名称，勾选下方的“public static void main（String [] args）”复选框，点击“Finish”按钮，一个新的类创建完成。

图 1-9　New Java Class 对话框

Eclipse 已经自动构建了 HelloWorld 类中的部分代码，并生成了 main ()方法。main ()方法是 Java 程序运行的入口，我们在 main ()方法中调用 System. out. println ()方法，打印输出字符串“Hello world!”到控制台（提示：在 Eclipse 中，输入 syso 然后按快捷键 Alt+/会自动对输出方法进行代码补全），具体代码如下所示。

```
package com.book.ch1;
public class HelloWorld {
    public static void main(String[] args) {
        System.out.println("Hello World!");     // 打印输出 Hello World!
    }
}
```

想要运行一个程序可以通过以下几种方式。

(1) 点击菜单“Run—Run”运行，或者使用快捷键 Ctrl+F11。
(2) 在工具栏找到运行按钮 ，点击运行。
(3) 在程序编辑区右击，选择“Run As—Java Application”菜单运行程序。
通过以上任意方式运行都可得到以下输出结果。

```
Hello World!
```

安装 JDK 和 Eclipse 后，就搭建好了 Java 的开发环境，接下来你就可以大显身手，开发自己的 Java 程序了。

现在请你创建一个项目“MyProject”，在项目中新建类“MyClass”，然后在 main ()方法中实现以下功能：输出字符串“This is my own class.”到控制台，请动手试一试吧。

提示：可参考本章 1.4.2 中的代码。

第 2 章　变量与基本数据类型

变量用于临时存储数据，是程序中不可或缺的组成部分。定义变量时需设置变量的数据类型，Java 中包含 8 种基本数据类型，每种数据类型都有自己的特点。

接下来就一起来了解在 Java 中如何定义和使用变量，在此基础上，认识 Java 中常用的基本数据类型及其特点都有哪些。

2.1 变量与常量

变量是指值可以变化的量，在Java中，变量必须声明后才可以使用，究其原因，是因为在确定了变量的类型后，编译器就知道分配多少空间给变量、知道变量可以存储什么类型的数据。在Java中声明变量的语法格式如下所示。

```
type identifier [=value][,identifier [=value]…];
```

type指Java数据类型，identifier指变量名，需为合法标识符，在Java中声明变量时可以直接赋初始值，也可之后再赋值，一次可以声明一个或多个变量（多个变量之间使用逗号“,”进行分隔），具体使用方式如下所示。

```
int a;  //声明整型变量a
a=5;  //为变量a赋值5
int b=3,c=2;  //声明整型变量b,并赋初始值3;声明整型变量c,并赋初始值2
```

在Java语言中，每个语句必须使用分号“;”作为结束符。编程初学者需注意的是Java中的所有符号都是英文符号而非中文符号，如果使用中文符号会产生编译错误。

常量与变量相对，是指值不能发生变化的量，因此常量只能被赋值一次。

声明常量时不仅需要指定常量类型，还需使用final关键字进行修饰，其语法规则如下。

```
final type identifier [=value];
```

数学学科中的π值是一个常数，它的值约为3.14，使用Java定义常量PI的方法如下所示。

```
final double PI=3.14;
```

不建议使用汉字为变量命名

Java 语言支持使用汉字作为变量名，如“int 员工人数=200;”。虽然 Java 对汉字已经有了很好的支持，但是仍建议在进行程序开发时不要使用汉字作为变量名，这样既符合程序开发习惯又能避免一些意想不到的错误。

2.2　标识符与保留字

2.2.1　标识符

在日常生活中，所有事物都有名字，我们通过名字来区分事物。在 Java 中，为了区分不同的变量、方法和类等，也需要为它们命名，标识符就是用来标识这些名字的有效序列。

Java 中的标识符有特殊的规定，它们由字母、数字、下划线“_”和美元符号“$”组成，但是首字符不能是数字，而且标识符不能使用 Java 中的关键字（图 2-1）。

图 2-1　一些合法和非法标识符

Java 语言使用 Unicode 标准字符集（采用 2 个字节表示一个字符），这些字符不仅包括 a、b、c 等英文字母，还包括其他语言中的文字，如汉字、日文等。

技巧点拨

标识符的命名规范

只要按照标识符的定义对标识符进行命名，程序就可以运行，但是在实际应用时，定义标识符时最好遵从项目或公司的开发原则，或者使用以下命名规范。

（1）标识符名称尽量使用有意义的名字，如 name、score 等单词，避免使用无意义的字符串，如 a1、a2 等。

（2）变量名、方法名通常使用小写字母，若是由多个单词组成，则除第一个单词首字母小写外，其余单词首字母大写，如 person、itemPrice、staffWorkTime。

（3）常量命名时通常全部大写，多个单词之间使用下划线连接，如 SCHOOL_TIME。

（4）类名命名时每个单词的首字母大写，其余部分小写，如 PersonRelation。

（5）包名命名时通常全部小写，中间使用“.”分隔，如 com. books。

2.2.2 保留字

保留字又称关键字，是指被赋予了特殊含义的一些单词，它们具有特殊的作用，因此不能用于变量名、方法名或类名等，否则会产生语法错误，在 Eclipse 中，关键字会用特殊的颜色进行标识。Java 中的关键字如下所示。

```
abstract  class     extends  implements  null       strictfp      true
assert    const     false    import      package    super         try
boolean   continue  final    instanceof  private    switch        var
break     default   finally  int         protected  synchronized  void
byte      do        float    interface   public     this          volatile
case      double    for      long        return     throw         while
catch     else      goto     native      short      throws
char      enum      if       new         static     transient
```

需要注意的是，Java 语言是严格区分大小写的，因此“true”为关键字，但是“True”不是关键字，即便如此，在程序开发时，也应避免使用类似“True”的字符串作为标识符，以免产生歧义。

关键字不用死记硬背

Java 中包含几十个关键字，是否需要全部记住这些关键字呢？其实关键字不用死记硬背，随着对 Java 的了解越来越深入，这些关键字可以自然而然掌握。其中一些关键字是版本升级后才出现的，例如，JDK 1.4 之后新增了 assert 关键字，JDK 1.5 之后新增了 enum 关键字，JDK 10 之后新增了 var 关键字。

2.3　基本数据类型

Java 中包含 8 种基本数据类型，整体可分为数值型（存储数值）、字符型（存储字符）和布尔型（存储布尔值）（图 2-2）。

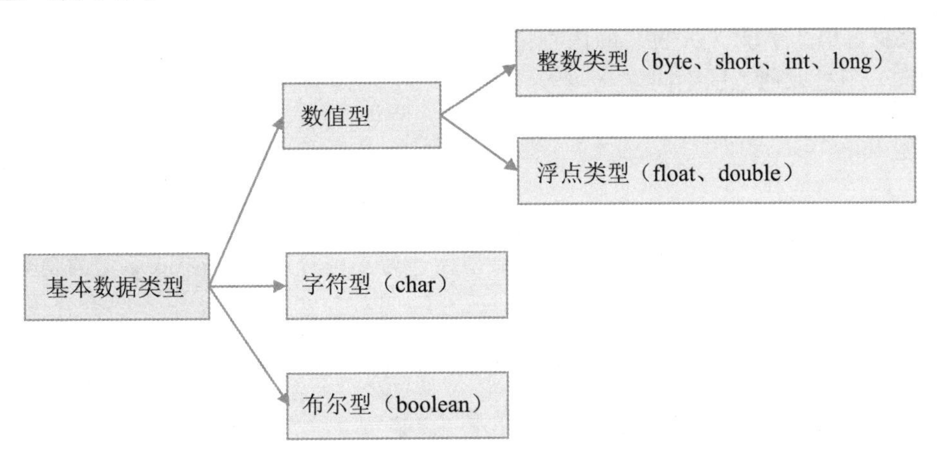

图 2-2　基本数据类型

2.3.1　整数类型

整数类型用于存储整数，如 8、-5、0 等。为了减少内存空间的浪费，更合理地使用内存，Java 语言又将整数类型细分为 byte、short、int、long 这 4 种类型，它们占用的内存大小不同，取值范围也各不相同。

1. 整型 int

int型数据占用4字节（32位）的内存空间，取值范围为$-2^{31} \sim 2^{31}-1$。该类型是Java整型值的默认数据类型，程序中直接使用整数赋值或输出时，都默认是int型。int型的使用方式如下。

```
int i=36;  //声明 int 型变量 i,并赋初始值为 36
i+=32;  //进行加法运算
System.out.println(i);  //打印输出 i 的值
```

2. 字节类型 byte

byte型数据占用1字节（8位）的内存空间，取值范围为$-2^{7} \sim 2^{7}-1$。byte型变量的声明和使用方法与int型相同，但二者的取值范围不同，byte型的使用方式如下所示。

```
byte b=36;  //声明 byte 型变量 b,并赋初始值为 36
b+=32;  //进行加法运算
System.out.println(b);  //打印输出 b 的值
```

3. 短整型 short

short型数据占用2字节（16位）的内存空间，取值范围为$-2^{15} \sim 2^{15}-1$。short型变量的使用方法与int型相同，不过取值范围不同。

4. 长整型 long

long型数据占用8字节（64位）的内存空间，取值范围为$-2^{63} \sim 2^{63}-1$。long型变量的使用方法与int型相同，但是由于long型的取值范围比int型大，为了区分，需要在long型的整数后面加上大写L或者小写l进行标识，使用方式如下所示。

```
long x=366366366L,y=-366366366L;  //声明 long 型变量 x 和 y
long result=x*y;  //声明 long 型变量 result,其值为 x*y
System.out.println(result);  //打印输出 result 的值
```

声明变量时根据变量的可能取值选择合适的类型，由于现在计算机硬件不断升级，因此一般的整数类型都选择使用int类型（short类型较少使用），对于较大的整数，比如描述文件、内存大小等使用long型，涉及编码转换时使用byte型。

技巧点拨

Java如何处理数据溢出

整数类型都有特定的取值范围，如果赋值时超出取值范围产生数据溢出，Java会如何处理呢？比如byte类型的变量取值范围为-128～127，如果为byte类型变量赋值为281，结果会如何呢？请看如下代码。

```
byte b=0;  //为byte型变量b赋初始值为0
b+=281;  //进行加法运算
System.out.println(b);  //打印输出b的值
```

运行程序，输出结果为“25”。变量b的值为281，为何会有25的输出结果呢？281转换为二进制为“100011001”，byte类型占8位，由于281已经超出了byte型的取值范围，系统将只保留最低8位的结果，即“00011001”，计算机采用补码的存储形式，最高位为符号位，符号位为0表示正数，11001即为25，因此输出结果为25。

2.3.2　浮点类型

浮点数是指包含小数的数字，Java中的浮点类型包含double型和float型。

1. double型

double型为双精度浮点类型，是包含小数数值的默认数据类型，double型变量占用8个字节（64位）的内存空间，其取值范围为4.9E-324～1.7976931348623157E308，double型的数据操作如下所示。

```
double d=10.28;  //声明double型变量d
d=d*2;  //进行乘法运算
System.out.println(d);  //打印输出d的值
```

2. float型

float型为单精度浮点类型，占用4个字节（32位）的内存空间，取值范围为1.4E-45～3.4028235E38，由于默认的包含小数的数值均为double型，因此给float型的变量赋值需进行强制转换，或者在数值后添加F或f，具体代码如下所示。

```
float f=5.6f;  // 声明 float 型变量 f 并赋值
System.out.println(f);  // 打印输出 f 的值
f=(float) 10.25;  // 为变量 f 重新赋值
System.out.println(f);  // 打印输出 f 的值
```

【例】 圆的周长为 C=2＊π＊r（C 为周长，r 为半径），圆的面积为 S=π＊r^2（S 为面积，r 为半径），根据半径可计算出圆的周长和面积，具体代码如下所示。

```
public class Circle {
    public static void main(String[] args) {
        double PI=3.14;  // 声明变量 PI 表示 π
        double r=3.5;  // 声明变量 r 表示半径
        double C=2*PI*r;  // 计算周长
        double S=PI*r*r;  // 计算面积
        System.out.println("圆的周长为:"+C);  // 打印输出周长
        System.out.println("圆的面积为:"+S);  // 打印输出面积
    }
}
```

输出结果如下所示。

```
圆的周长为:21.98
圆的面积为:38.465
```

浮点数据运算后不是精确值

浮点数经过运算后的结果是近似值而不是精确值，如使用 Java 计算 10.0/3 的结果为：3.3333333333333335，因此如果想要得到精确的计算结果（如进行货币计算）则不适合使用 double 或 float 类型。

2.3.3 字符型

Java 中使用字符型 char 来存储字符，字符需使用单引号括起来。char 型占两个字节（16 位）的内存空间，可以处理大多数国家的语言文字。

Java 中的字符可以作为整数处理，既可以将一个字符直接赋值给整型变量，也可将整型数值（0～65535）直接赋值给字符类型，其使用方式如下所示。

```
char c='a';  // 定义整型变量 c,使用字符为其赋值
System.out.println(c);  // 输出 c
c=65;  // 使用整型数值赋值
System.out.println(c);  // 输出变量 c
```

输出结果如下。

```
A
a
```

Java 中有一个特殊的字符——转义字符“\”，在字符或字符串中使用转义字符可以表示一些特殊的含义，例如“\n”表示换行符，“\t”表示制表符，“\\”表示字符“\”等。

2.3.4 布尔型

布尔型（boolean）只有两个值：true 和 false，分别表示“真”和“假”，因此布尔型只需要一位内存空间即可。但是 Java 是以字节为最小单位来分配空间的，因此布尔型占用 1 字节。布尔型常用于逻辑判断中。

【例】 根据天气情况（是否下雨）决定是否带伞。具体代码如下所示。

```
public class Weather {
    public static void main(String[] args) {
        boolean rainy=true;  // 声明布尔型对象 rainy,表示是否下雨
        if (rainy) {  // 如果下雨
            System.out.println("今日有雨,请带雨伞!");  // 打印输出
        } else {  // 当条件不成立时
            System.out.println("今日无雨,无须带伞!");  // 打印输出
        }
    }
}
```

输出结果如下所示。

```
今日有雨,请带雨伞!
```

技巧点拨

数据类型的默认值

在一些情况下，声明一个变量后，系统会为其分配一个默认值作为初始值，不同数据类型的默认值不同。

byte、short、int 型的默认值为 0，float、double 型的默认值为 0.0，char 型的默认值为空，引用数据类型的默认值为 null。

2.4　数据类型的转换

在 Java 中，一些数据可以转换类型，例如一个 char 型的变量，可以转换为 int 类型，任意类型的数据都可以转为字符串类型。

2.4.1　隐式转换

不同数据类型占用的内存空间不同，当数据从低级类型（取值范围小，精度低）向高级类型（取值范围大，精度高）转换时，不会造成数据溢出，这种转换系统可以自动执行，因此称为隐式转换。数值类型从低级类型到高级类型排列的顺序依次为：byte<short<int<long<float<double。

低级类型的数据可以直接赋值给高级类型的数据，如下所示。

```
int x=10;  //整型变量 x 的值为 10
double y=x;  //将 x 赋值给 y,y 的值为 10.0
```

当低级类型数据与高级类型数据进行运算时，低级类型数据自动转换为高级类型，运算结果为高级类型。

【例】 通过隐式转换提高运算结果的精度。

创建类 DataConvert，在主方法中进行不同类型变量的运算，查看运算结果的精度，具体代码如下所示。

```
public class DataConvert {
    public static void main(String[] args) {
        byte numByte=20;  // 声明 byte 型变量
        int numInt=500;  // 声明 int 型变量
        float numFloat=3.0f;  // 声明 float 型变量
        double numDouble=89.05432198;  // 声明 double 型变量
        System.out.println("byte 型与 int 型数据进行运算,结果为:"+(numByte+
numInt));  // 打印输出运算结果
        System.out.println("int 型与 float 型数据进行运算,结果为:"+(numInt/
numFloat));  // 打印输出运算结果
        System.out.println("float 型与 double 型数据进行运算,结果为:"+(numDou-
ble*numFloat));  // 打印输出运算结果
    }
}
```

2.4.2　显式转换

当数据从高级类型向低级类型转换时，有可能造成数据溢出或精度丢失，因此这种转换需要进行显式转换，也称强制转换。

进行显式转换时需在数值或变量前添加转换类型，并将转换类型使用小括号括起来，如下所示。

```
int x=184;  // 整型变量 x 的值为 184
byte b=(byte) x;  // 将整型值强制转换为 byte 值,造成数据溢出,b 的值为-72
```

2.5　数组

数组是指一组数据的集合，在 Java 中，数组中的数据都具有相同的数据类型。例如，可以把一个团队看作一个数组，团队的每个成员就是数组的元素。

2.5.1　一维数组

在 Java 中，声明一个一维数组可以使用如下方式。

```
type[] arrayName;
type arrayName[];
```

type 表示数组元素类型，arrayName 为合法标识符，表示数组名字，中括号“[]”可以位于数组名之前或之后。

声明数组只是定义了数组名和元素的数据类型，但实际上并未创建任何元素，因此数组声明后并不能访问元素。

声明数组后还需为数组分配内存空间，在 Java 中数组是引用数据类型，使用关键字 new 来为数组分配内存空间，其语法格式如下所示。

```
arrayName=new type[num];
```

arrayName 表示数组名字，type 表示数据类型，num 表示数组长度，即包含的元素个数。声明数组并为数组分配内存空间的具体代码如下所示。

```
char[] name;   // 定义 char 型数组 name
name=new char[5];   // 为 name 创建内存空间
```

上述代码创建了长度为 5 的字符型数组，引用变量 name 指向创建的数组对象，其存储方式如图 2-3 所示。

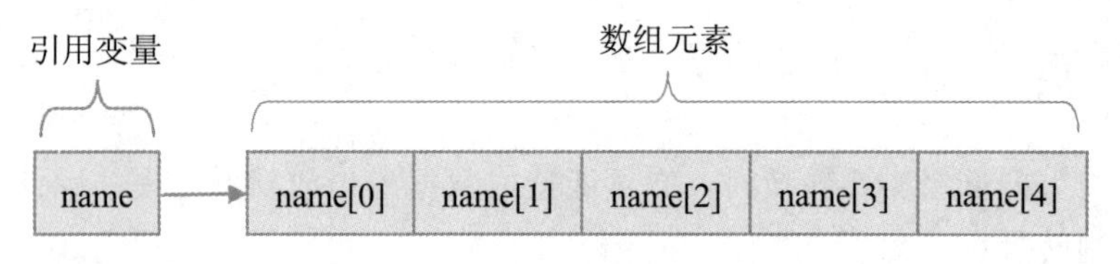

图 2-3　一维数组的存储方式

声明数组并为数组分配内存空间后，就可以为数组的元素赋值了，为数组元素赋值可采用以下 3 种方式。

（1）使用大括号表达式直接赋值，大括号中包含元素的初始值，各个元素之间使用逗号分隔，如下所示。

```
int[] array={5,8,3};
```

（2）为数组分配内存空间，并使用大括号表达式直接赋初始值。

```
int[] array=new int[] {5,8,3};
```

（3）使用下标（索引）的方式为每个元素分别赋值，下标的范围为 0～length-1（length 为数组长度），超出下标范围将报语法错误。

```
int[] array=new int[3];
array[0]=1;
array[1]=2;
array[2]=3;
```

如果不为数组的元素赋值，数组元素将采用默认值。

2.5.2　多维数组

在 Java 中声明一个多维数组需要使用多个中括号对，如声明一个二维数组的代码如下所示。

```
int[][] matrix1=new int[3][];  // 声明一个 3 行的二维数组
int[][] matrix2=new int[2][4];  // 声明一个 2 行 4 列的二维数组
int[][] matrix3=new int[2][];  // 声明一个 2 行的二维数组
matrix3[0]=new int[4];  // 为第一行数组分配内存
matrix3[1]=new int[5];  // 为第二行数组分配内存
```

为多维数组赋值的方式与一维数组类似，具体方式如下所示。

```
int[][] matrix1={ {1,3,5},{2,4,6} };  // 使用大括号表达式为二维数组赋值
int[][] matrix2=new int[][] { {1,3,5,7},{2,4,6,8} };
int[][] matrix3=new int[2][2];  // 声明一个两行两列的二维数组
matrix3[0][0]=2;  // 为第一行第一列元素赋值
matrix3[0][1]=4;  // 为第二行第二列元素赋值
matrix3[1][0]=1;  // 为第二行第一列元素赋值
```

在 Java 中，多维数组可以为不规则数组，例如一个二维数组每一行包含的元素个数不一定都是相同的，可以一行包含 4 个元素，另一行包含 7 个元素。

图 2-4 表示一个矩阵。请定义一个数组类 MyArray，在 main ()方法中定义 int 型二维数组，使用该数组存储图中矩阵数据。

$$\begin{pmatrix} 1 & 3 & 6 & 9 & 4 \\ 8 & 6 & 12 & 7 & 0 \\ 7 & 2 & 1 & 8 & 43 \end{pmatrix}$$

图 2-4　矩阵

第 3 章　运算符和编码规范

运算符是一些特殊的符号，用于表示数学运算、关系运算以及逻辑运算等，根据功能和使用场景的不同，Java 语言的运算符分为数学运算符、赋值运算符、关系运算符、三目运算符、逻辑运算符以及位运算符。一个复杂功能的实现，离不开各种数据的处理，而数据的处理则依赖于运算符的使用。

编码规范是指约定俗成的代码编写习惯，好的编码规范更利于程序的阅读和维护。

运算符和编码规范是 Java 的基础知识，熟练运用这些基础知识是掌握 Java 语言的重要前提。

3.1 数学运算符

表达式是指符合 Java 规则的式子，由操作数和运算符组成。

数学运算符又称算数运算符，是 Java 常用运算符，主要用于进行加、减、乘、除等数学运算，常见的数学运算符见表 3-1。

表 3-1　Java 中的数学运算符

运算符	说　明
+	表示数据的正号或数学运算中的加法运算
-	表示数据的负号或数学运算中的减法运算
*	表示数学运算中的乘法运算
/	表示数学运算中的除法运算（除数不为 0）
%	表示数学运算中的取余运算
++	表示自增运算，变量的值加 1
--	表示自减运算，变量的值减 1

+、-、*、/作为数学运算的加号、减号、乘号、除号时，是双目运算符，也称二元运算符，进行运算时需要两个操作数；+、-作为数据的正负符号时，是单目运算符，也称一元运算符，只需要一个操作数；++和--作为自增和自减运算符是单目（一元）运算符，只需一个操作数。

双目运算符进行计算时，计算结果的精度与精度高的操作数保持一致，如浮点数与整数进行运算，返回结果为浮点数。

++和--分别为自增和自减运算符，它们的操作数必须为变量而不能为数值，否则会报语法错误。自增（减）运算符可以位于变量前或变量后，但是在表达式中表示的含义却有所不同：自增（减）运算符在变量前，如 x=++m，先将 m 的值加 1 再参与运算；自增（减）运算符在变量后，如 x=m++，先使用 m 的值参与运算，再将 m 的值加 1，如图 3-1 所示。

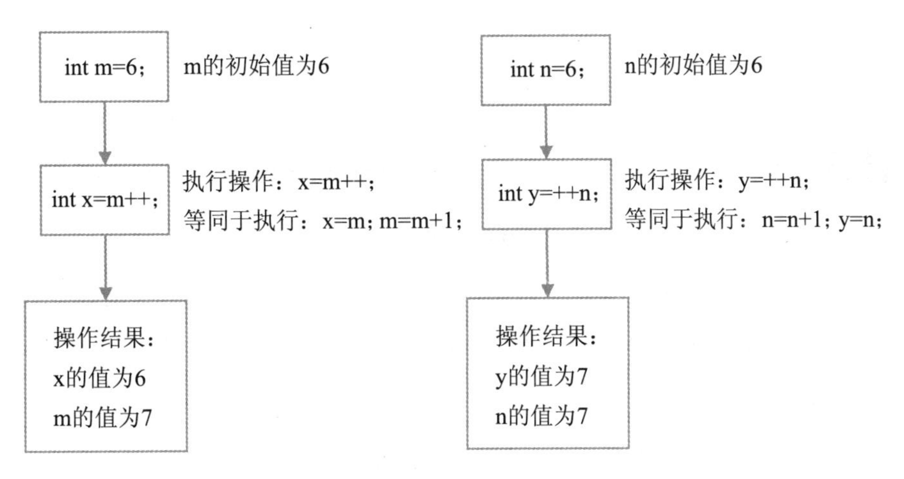

图 3-1　前置++与后置++的区别

使用自增（减）运算符时，尽量单独使用，不在其他表达式的内部使用，避免产生歧义，出现意想不到的错误，如语句“x＝m++;”如果写成“x＝m； m++;”表达的含义将更加清晰。

【例】使用自减运算符模拟倒计时。

倒计时从 5 开始，每次减 1，直到 0 为止。具体代码如下所示。

```
public class CountDown {
    public static void main(String[] args) {
      int count=5;  // 定义 count 表示倒计时的数值,初始为 5
      System.out.print(count+" ");  // 输出倒计时
      count--;  // 倒计时自减
      System.out.print(count+" ");  // 输出倒计时
      count--;  // 倒计时自减
      System.out.print(count+" ");  // 输出倒计时
      count--;// 倒计时自减
      System.out.print(count+" ");  // 输出倒计时
      count--;  // 倒计时自减
      System.out.print(count+" ");  // 输出倒计时
      count--;  // 倒计时自减
      System.out.print(count+" ");  // 输出倒计时
    }
}
```

输出结果如下所示。

```
5 4 3 2 1 0
```

技巧点拨

赋值运算符

赋值运算符将一个表达式的值赋给变量，例如语句："int a＝5;"，这里的"＝"就是赋值运算符。赋值运算符还可以与其他运算符组合，形成复合赋值运算符，Java 中常用的各种赋值运算符见表 3-2。

表 3-2　Java 中常用的赋值运算符

运算符	含　义	示　例
＝	赋值运算符	m＝n；将 n 的值赋给 m
+＝	加赋值运算符	m+＝n；等价于 m＝m+n；
-＝	减赋值运算符	m-＝n；等价于 m＝m-n；
*＝	乘赋值运算符	m*＝n；等价于 m＝m*n；
/＝	除赋值运算符	m/＝n；等价于 m＝m/n；
%＝	取余赋值运算符	m%＝n；等价于 m＝m%n；
&＝	按位与赋值运算符	m&＝n；等价于 m＝m&n；
｜＝	按位或赋值运算符	m‖＝n；等价于 m＝m‖n；
^＝	按位异或赋值运算符	m^＝n；等价于 m＝m^n；
＜＜＝	左移赋值运算符	m＜＜＝n；等价于 m＝m＜＜n；
＞＞＝	右移赋值运算符	m＞＞＝n；等价于 m＝m＞＞n；
＞＞＞＝	无符号右移赋值运算符	m＞＞＞＝n；等价于 m＝m＞＞＞n；

3.2　关系运算符

关系运算符用于表示两个操作数之间的关系（如大于、等于），关系运算符的计算结果为布尔型，Java 中常见的关系运算符见表 3-3。

表 3-3　Java 中的算数运算符

运算符	说　明	运算符	说　明
＞	表示大于	＜	表示小于
＞＝	表示大于等于	＜＝	表示小于等于
＝＝	表示等于	！＝	表示不等于

【例】用程序模拟各种关系运算，具体代码如下所示。

```
public class RelationOperator{
    public static void main(String[] args) {
        int x=10,y=5;// 定义变量 x 和 y,并赋初始值
        // 打印输出各种关系运算的运算结果
        System.out.println("x>y 的结果为:"+(x>y));
        System.out.println("x<y 的结果为:"+(x<y));
        System.out.println("x>=y 的结果为:"+(x>=y));
        System.out.println("x<=y 的结果为:"+(x<=y));
        System.out.println("x==y 的结果为:"+(x==y));
        System.out.println("x!=y 的结果为:"+(x!=y));
    }
}
```

运行程序，输出结果如下所示。

```
x>y 的结果为:true
x<y 的结果为:false
```

```
x>=y的结果为:true
x<=y的结果为:false
x==y的结果为:false
x!=y的结果为:true
```

需要注意的是，在Java中，“=”表示赋值，“==”才用于判断相等，初学者要格外注意。在一些程序中，误使用“=”来判断相等不会报语法错误，但却会给程序带来逻辑错误，请看如下程序。

```
boolean flag=false;  // 定义布尔型 flag 变量
if (flag=true) {  // 想要判断 flag 的值是否为 true,但是将==误写为=
    System.out.println("flag is true.");  // 打印输出
} else {
    System.out.println("flag is false.");  // 打印输出
}
```

上述代码中，想要判断flag的值是否为true，本应使用“==”，却误写为“=”，因此执行这条语句时先将true赋值给flag，然后判断flag的值，从而产生了逻辑错误，最终输出“flag is true.”。

3.3 三目运算符

三目运算符（?:）又称条件运算符，有三个操作数，它的语法规则如下所示。

```
expression ? value1: value2
```

expression为布尔表达式，其结果为布尔值，如果expression为true，则条件运算符的返回结果为value1，否则条件运算符的返回结果为value2。

【例】 比较两个数的大小，并返回其中的较大值。具体代码如下所示。

```
public static void main(String[] args) {
    int a=8,b=5;// 声明整型变量 a 和 b
    int max=a>b ? a: b;  // 使用条件运算符,将较大值赋给 max 变量
    System.out.println("a 和 b 中较大的值为:"+max);  // 打印输出
}
```

运行程序，输出结果如下所示。

```
a 和 b 中较大的值为:8
```

3.4　逻辑运算符

逻辑运算符用于进行逻辑运算，其操作数为布尔型，运算结果也为布尔型。Java 中的逻辑运算符见表 3-4。

表 3-4　Java 中的逻辑运算符

运算符	说　明	示　例	结　果
&&	表示逻辑与	true && true	true
		true && false	false
		false && true	false
		false && false	false
||	表示逻辑或	true || true	true
		true || false	true
		false || true	true
		false || false	false
!	表示逻辑非	! true	false
		! false	true

【例】 检验小朋友是否符合免票条件。

某景点针对年龄不超过 6 岁或身高不高于 120 厘米的小朋友免票，小明 5 岁，身高 123 厘米，使用程序判断小明是否符合免票条件，具体代码如下所示。

```
public class CheckTicket {
    public static void main(String[] args) {
        int age=5;  // 定义 age 变量,用于保存小朋友的年龄
        int height=123;  // 定义 height 变量,用于保存小朋友的身高
        if (age<=6 || height<=120) {  // 如果年龄不超过 6 岁或者身高不高于 120
            System.out.println("符合免票条件!");  // 打印输出
        } else {  // 当条件不成立时
            System.out.println("不符合免票条件!");  // 打印输出
        }
```

```
        }
    }
```

运行程序，输出结果如下。

```
符合免票条件!
```

3.5 位运算符

位运算符按照位来进行运算，计算机内的数据采用二进制补码存储，因此位运算符针对二进制数进行计算。位运算符的操作数为整型，主要包括位逻辑运算符和位移运算符。Java 中的位运算符见表 3-5，示例采用十进制数字 12 和 10，对应的二进制数分别为 1100 和 1010。

表 3-5　Java 中的位运算符

位运算符	说　明	示　例	结　果
&	表示按位与	12&10	8（二进制为 1000）
|	表示按位或	12 | 10	14（二进制为 1110）
^	表示按位异或	12^10	6（二进制为 0110）
~	表示按位取反	~12	-13（32 位二进制补码为 1111 1111，1111 1111，1111 1111，1111 0011）
<<	表示左移运算符	12<<1	24（二进制为 0001 1000）
>>	表示右移运算符	12>>1	6（二进制为 0110）
>>>	无符号右移运算符	12>>>1	6（二进制为 0110）

&、|、^、~这 4 个运算符为位逻辑运算符，其运算结果见表 3-6。

表 3-6　位逻辑运算符的运算结果

二进制位 A	二进制位 B	A&B	A | B	A^B	~A
1	1	1	1	0	0
1	0	0	1	1	0
0	1	0	1	1	1
0	0	0	0	0	1

位运算符针对二进制数的每一位分别进行运算，当对应位数值均为 1 时，按位与的结果为 1，否则为 0；当对应位数值均为 0 时，按位或的结果为 0，否则为 1；当对应位数值不同时，按位异或的结果为 1，否则为 0；按位取反的结果与对应位正好相反。计算机的数据采用二进制补码表示，32 位 12 和 10 的二进制补码分别为 0000 0000，0000 0000，0000 0000，0000 1100 和 0000 0000，0000 0000，0000 0000，0000 1010，12&10 的计算过程如图 3-2 所示。

```
   0000 0000，0000 0000，0000 0000，0000 1100
&  0000 0000，0000 0000，0000 0000，0000 1010
-----------------------------------------------
   0000 0000，0000 0000，0000 0000，0000 1000
```

对应位分别进行按位与操作

图 3-2　12&10 的计算过程

位移运算符包括左移运算符“＜＜”、右移运算符“＞＞”和无符号右移运算符“＞＞＞”。这三个运算符针对数值的二进制形式进行位数移动，使用右移运算符不会改变数值的正负，而使用无符号右移运算符得到的结果都是正数。

左移运算符“＜＜”左边的操作数表示要进行左移的数字，而右边的操作数表示左移的位数，如 10＜＜1 表示对数字 10 进行左移 1 位。进行左移运算时，符号位连同其他位一起左移，左边溢出的位被丢弃，右边的位用 0 补齐，每移动 1 位相当于乘以 2。如果移动的位数超过了该类型的最大位数，则对移动位数取模，例如针对 32 位整数左移 34 位，实际操作时只移动 2 位。10＜＜1 的运算过程如图 3-3 所示。

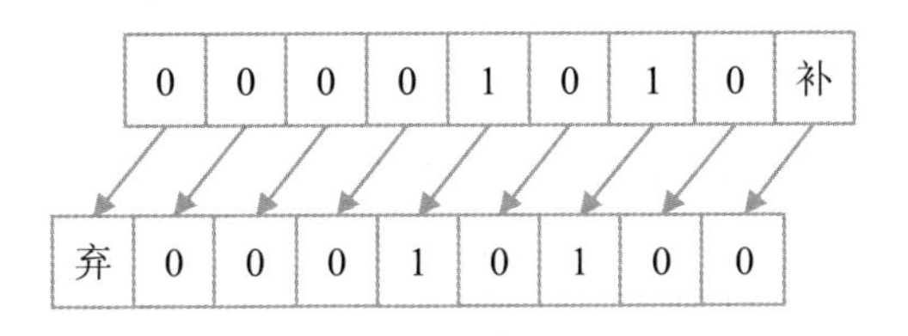

图 3-3　10＜＜1 的运算过程

右移运算符“＞＞”有两个操作数，针对第一个操作数进行右移，右移的位数为第二个操作数。进行右移运算时，右边溢出的位丢弃，左边的位补符号位：正数补 0，负数补 1。如果移动的位数超过了该类型的最大位数，则对移动位数取模。10＞＞1 的运算过程如图 3-4 所示。

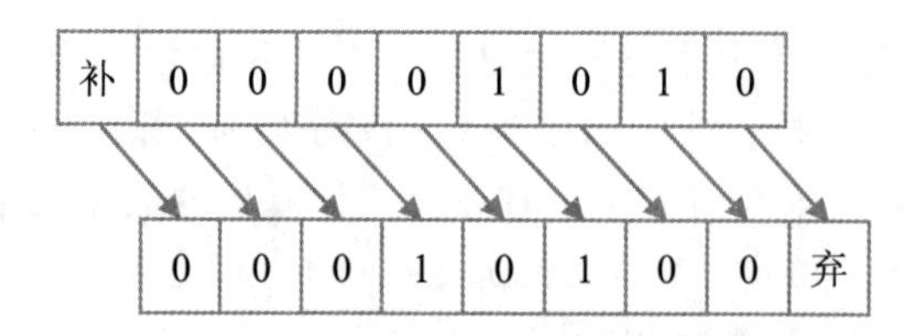

图 3-4　10＞＞1 的运算过程

无符号右移运算符“＞＞＞”与右移运算符的操作过程相似，二者的不同在于，进行右移移位时，连同符号位一起移动，右边溢出的位丢弃，左边的位补 0，因此无论是正数还是负数，进行无符号右移操作后，结果均为正数。

位移运算符

使用位移运算符进行“左移”操作相当于乘以 2^n，进行“右移”操作相当于除以 2^n，当进行这类操作时，使用位移运算符要比使用乘法和除法运算符速度更快。

需要注意的是，由于溢出的位直接丢弃，因此进行右移运算时会损失一定的精度，例如 5＞＞1 得到的结果为 2；由于计算机使用补码存储负数，一些负数进行右移操作后得到的结果可能会跟预想的不同，例如－5＞＞1 得到的结果为－3。

3.6　运算符的优先级

当多种运算符出现在同一个表达式中时，将使用怎样的运算顺序计算呢？Java 中的运算符优先级顺序见表 3-7，计算时按照运算符优先级顺序从高到低进行运算。

表 3-7　Java 中运算符的优先级（从高到低排列）

<table>
<tr><th>运算符</th><th>说　　明</th><th>结合性</th></tr>
<tr><td>+、-</td><td>正、负号运算符</td><td>从右向左</td></tr>
<tr><td>++、--、!</td><td>自增、自减、逻辑非运算符</td><td>从右向左</td></tr>
<tr><td>*、/、%</td><td>乘、除、取余运算符</td><td>从左向右</td></tr>
<tr><td>+、-</td><td>加、减运算符</td><td>从左向右</td></tr>
<tr><td><<、>>、>>></td><td>左移、右移、无符号右移运算符</td><td>从左向右</td></tr>
<tr><td><、<=、>、>=</td><td>小于、小于等于、大于、大于等于运算符</td><td>从左向右</td></tr>
<tr><td>==、!=</td><td>等于、不等于运算符</td><td>从左向右</td></tr>
<tr><td>&</td><td>按位与运算符</td><td>从左向右</td></tr>
<tr><td>^</td><td>按位异或运算符</td><td>从左向右</td></tr>
<tr><td>|</td><td>按位或运算符</td><td>从左向右</td></tr>
<tr><td>&&</td><td>逻辑与运算符</td><td>从左向右</td></tr>
<tr><td>||</td><td>逻辑或运算符</td><td>从左向右</td></tr>
<tr><td>?:</td><td>三元运算符</td><td>从右向左</td></tr>
<tr><td>=</td><td>赋值运算符</td><td>从右向左</td></tr>
</table>

编写代码时没必要记住所有运算符的优先级顺序，使用圆括号“()”可以直接改变运算顺序。圆括号内的表达式优先进行计算，使用圆括号的表达式逻辑更清晰，更容易被理解。

3.7　编码规范

3.7.1　注释

代码是程序的主要组成部分，注释是对代码的说明，添加注释可以提高代码的可读性和可维护性。Java 中的注释有以下 3 种形式（图 3-5）。

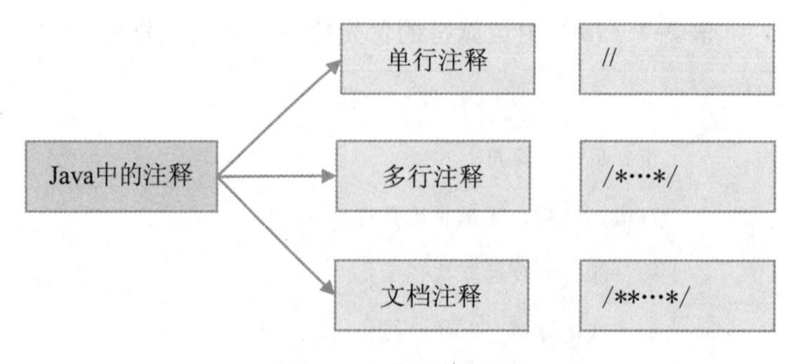

图 3-5 Java 中的注释

（1）单行注释。单行注释使用“//”作为开端，通常用于注释单行语句。

（2）多行注释。当注释内容较多时可以采用多行注释，第一行注释使用“/*”为开端，后面每一行注释以“*”为开端，最后一行以“*/”结束。

（3）文档注释。文档注释针对类、接口、方法等进行注释，可以对功能、参数类型、返回值等进行说明。文档注释以“/**”开始，以“*/”结束，使用这种方式注释的内容可以通过 Javadoc 之类的工具生成正式的程序说明文档。

技巧点拨

巧用 Eclipse 快捷键注释

Eclipse 提供了多种注释快捷键，程序开发人员利用这些快捷键可以快速完成注释，具体操作如下。

选中一段代码或文字，使用快捷键“Ctrl+/”或“Ctrl+Shift+C”可进行“//”注释，再次使用“Ctrl+/”或“Ctrl+Shift+C”撤销注释；使用快捷键“Ctrl+Shift+/”可对选中内容进行“/*…*/”注释，通过快捷键“Ctrl+Shift+\”可撤销注释。

【例】 在一个类中使用三种注释。

创建 Comment 类，在类中通过三种方法进行注释，最后通过 Eclipse 导出程序说明文档。具体代码如下所示。

```
/**
 * Comment 类用于展示注释的使用方法
 *
 * @ author Alice
 *
 * /
public class Comment {
    /**
     * main()方法为程序的入口
     *
     * @ param args 命令行参数
     * /
    public static void main(String[] args) {
        /*
        * 这里是多行注释
        * 打印输出序列号
        * /
        System.out.println(1);
        System.out.println(2);
        System.out.println("End!");  // 单行注释,输出结束符
    }
}
```

在 Eclipse 中点击菜单“Project—Generate Javadoc”，选择项目和文档生成路径，点击“Finish”按钮，即可自动生成项目的文档说明。

3.7.2 编码规范

在开发程序过程中，遵循良好的编码规范，可以让代码逻辑更加清晰，方便以后更好地阅读和理解代码，为日后维护提供便利。编写代码时可以参考遵循以下规范内容。

(1) 声明变量时，尽量直接为其赋初始值并单独写一行，以便添加注释。

(2) 在编写代码过程中，不使用难懂、易混淆的语句。由于程序开发人员和维护人员可能并不是同一人，因此尽量使用清晰、简洁的语句完成程序功能。

(3) 尽可能详细地添加注释，注释可以帮助阅读者快速理解程序功能，理解程序的设计思路。

(4) 采用统一的 Java 程序编码格式，如统一缩进 4 字符等，在 IDE 中可以通过设置将程序格式进行统一。

小试锋芒

某员工在北京工作，税前月工资为5000元，缴纳四险一金的金额共计1113元（公积金按12%缴纳），请编写程序计算员工当月实际可得工资数额。在编写程序时，为程序添加详细注释，并使用Eclipe或其他工具生成程序说明文档。

第 4 章　流程控制语句

流程控制语句控制着程序的执行流程，它影响着程序的执行顺序，流程控制语句的存在使得程序可以不按照代码的编写顺序线性执行。流程控制语句分为条件语句和循环语句，条件语句使得程序可以在满足条件的情况下选择性执行，循环语句使得程序可以反复执行，二者配合能够实现复杂的功能。

流程控制是实现程序交互的基础，其在任何编程语言中都是至关重要的部分，不容忽视。

4.1 条件语句

编写程序时常常需要先进行判断再做出选择，例如，如果用户是网站的 VIP 会员，则可以享有附赠、打折等特殊用户权益，如果是普通会员，则只能享有一般用户权益。

在 Java 中想要实现选择功能就要用到条件语句，条件语句主要包括 if 条件语句和 switch 分支语句。

4.1.1 if 条件语句

if 条件语句可以根据条件选择执行某些语句。if 条件语句具有以下三种形式。

1. 简单 if 语句

简单 if 语句的语法格式如下所示。

```
if(表达式){
    语句块;
}
```

if 语句的执行逻辑为：如果表达式的结果为 true 则执行语句块，否则跳过语句块。其执行流程如图 4-1 中的（1）所示。

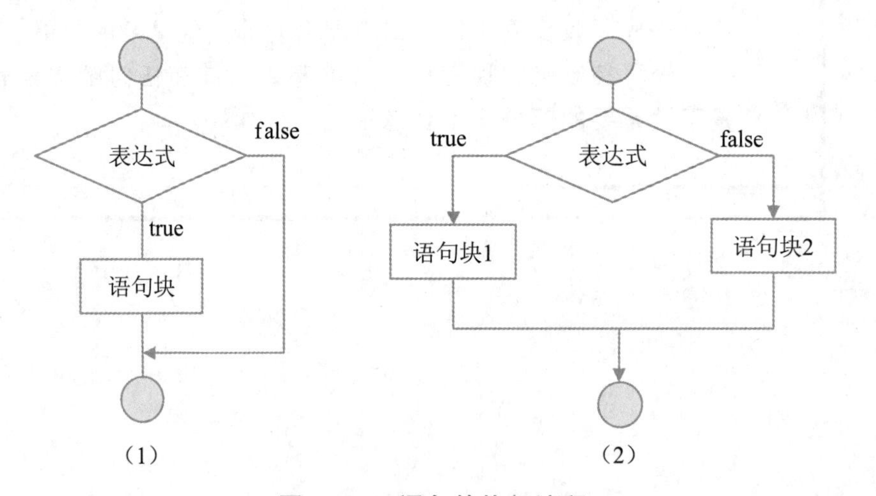

图 4-1 if 语句的执行流程

【例】计算顾客的实际支付费用。

某甜品店为了促销商品，实行晚间打折活动，晚上 19：00 以后全场商品八折优惠。根据顾客选购的商品，计算实际支付费用。具体代码如下所示。

```
public class Payment {
    public static void main(String[] args) {
        // 定义变量 pay(double 类型)表示支付金额,如果想要获得更精确的结果可以使用
BigDecimal 类型
        double pay=50;
        int hour=20;  // 定义变量 hour 表示时间
        if (hour>=19) {  // 如果时间超过 19:00
            System.out.println("顾客购买金额:"+pay+"元。");  // 打印输出
            System.out.println("优惠后需支付金额:"+(pay*0.8)+"元。");
        }
    }
}
```

运行程序，输出结果如下所示。

```
顾客购买金额:50.0 元。
优惠后需支付金额:40.0 元。
```

2. if…else 语句

if…else 语句的语法格式如下所示。

```
if(表达式){
    语句块 1;
}else{
    语句块 2;
}
```

if…else 语句的执行逻辑为：如果表达式的结果为 true，则执行语句块 1；表达式的结果为 false 则执行语句块 2。其执行流程如图 4-1 中的（2）所示。

3. if…else if 多分支语句

if…else if 多分支语句在 if…else 语句的基础上增加了更多分支，其语法格式如下所示。

```
if(表达式 1){
    语句块 1;
}else if(表达式 2){
    语句块 2;
}
…
}else if(表达式 n){
    语句块 n;
}
```

if…else if 多分支语句中包含多个表达式，表达式的结果均为布尔值。执行该语句时，首先计算表达式 1 的值，如果结果为 true，则执行对应的语句块 1，否则计算表达式 2 的值，如果结果为 true，则执行对应的语句块 2……以此类推。

需要注意的是，在 if…else if 多分支语句中，当执行完某个语句块后会直接跳过该 if 语句，执行后续的程序。该语句的执行流程如图 4-2 所示。

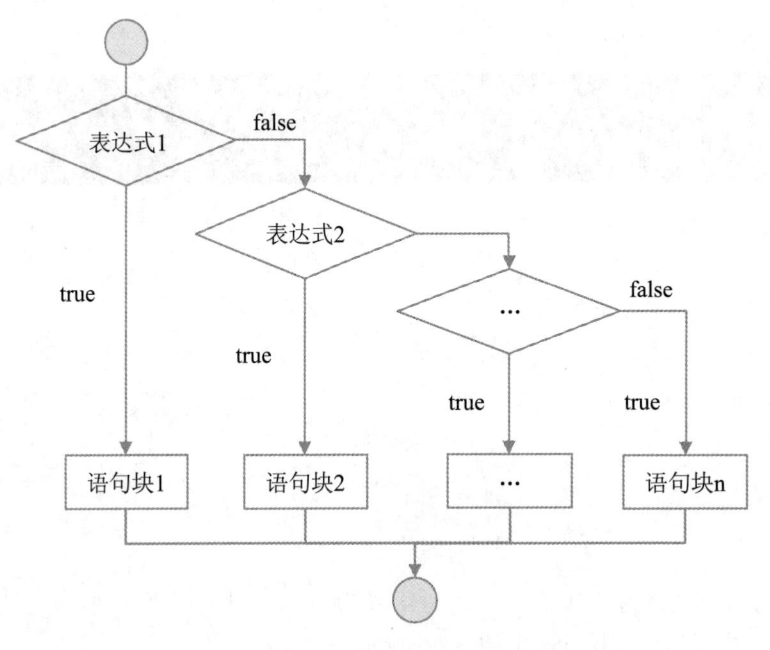

图 4-2　if…else if 语句的执行流程

【例】判断车辆是否限行。

某城市为了改善城市环境、降低机动车污染物排放，实行工作日期间机动车车辆限行制度。限行日期与对应的车辆尾号如下。

周一：0 和 5；周二：1 和 6；周三：2 和 7；周四：3 和 8；周五：4 和 9。

请根据车主的车牌号和日期判断当天是否能开车出行。具体代码如下所示。

```
public class CarOut {
    public static void main(String[] args) {
        int weekday=4;  // 定义变量 weekday 表示一周的日期
        int carnum=2;  // 定义变量 carnum 表示车辆尾号
        // 定义字符数组 weekdays,用于显示日期
        char[] weekdays={'一','二','三','四','五','六','日'};
        boolean out=true;  // 定义变量 out 表示车辆是否可出行
        /*
         * 使用 if…else if 语句,如果满足限行条件,设置 out 的值为 false
         * /
        if (weekday==1 && (carnum==0 || carnum==5)) {
            out=false;
        } else if (weekday==2 && (carnum==1 || carnum==6)) {
            out=false;
        } else if (weekday==3 && (carnum==2 || carnum==7)) {
            out=false;
        } else if (weekday==4 && (carnum==3 || carnum==8)) {
            out=false;
        } else if (weekday==5 && (carnum==4 || carnum==9)) {
            out=false;
        }
        System.out.print("今日周"+weekdays[weekday - 1]+",");  // 输出日期
        if (out) {  // 此处表达式直接写 out 即可,不建议将表达式写成 out==true
            System.out.println("您的车辆可出行!");// 打印输出
        } else {  // 如果不能出行
            System.out.println("您的车辆被限行,不可出行!");  // 打印输出
        }
    }
}
```

运行程序，输出结果如下。

```
今日周四,您的车辆可出行!
```

4.1.2 switch 语句

switch 语句为多分支语句，用于处理简单的条件分支情况。该语句首先判断表达式内容是否与分支中的值相等，如果相等则执行分支中的语句，其语法格式如下所示。

```
switch(表达式){
    case value1:{
        语句块 1;
        [break;]
    }
    case value2:{
        语句块 2;
        [break;]
    }
    …
    [default:{
        语句块;
        [break;]
    }]
}
```

switch 语句中的表达式结果需为 int 型、char 型、枚举型或 String 型（字符串类型），value 值的类型需与表达式的类型相同。break 表示跳出整个 switch 语句，为可选语句。

switch 语句的执行逻辑为：首先计算表达式的值，然后将表达式的值与 value 值进行比较，当相同时，则从其对应的语句块 n 开始向后执行所有的 switch 语句（包括语句块 n+1，语句块 n+2……）直到遇到 break 语句则跳出。当没有 value 值与表达式的值相同时则执行 default 对应的语句块。switch 语句的执行流程如图 4-3 所示。

switch 语句可以使程序结构更加清晰，而且比 if…else if 语句更高效。

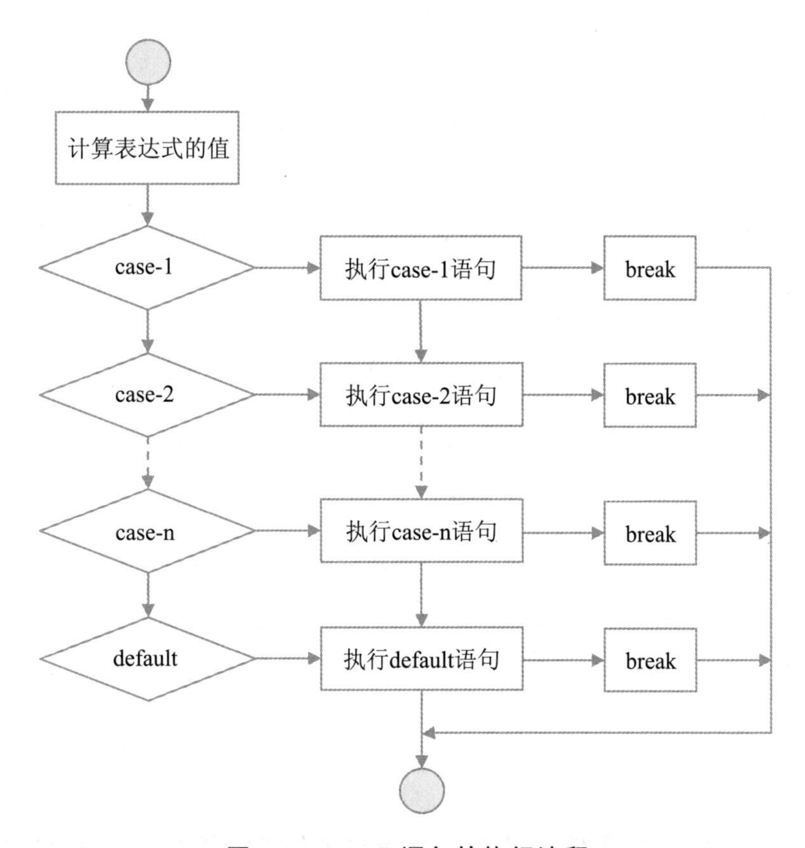

图 4-3　switch 语句的执行流程

【例】使用 switch 语句输出公司食堂的每日中午主食。

某公司食堂一周提供五天餐食，每天中午的主食各不相同：周一主食为米饭，周二主食为面条，周三主食为水饺，周四主食为葱油饼，周五主食为包子。请根据日期输出当天的主食类型。具体代码如下所示。

```
public class Food {
    public static void main(String[] args) {
        int day=1;// 定义变量 day 表示日期,使用 1-7 分别表示周一到周日
        /*
         * switch 语句根据 day 的值输出当日主食
         * /
        switch (day) {
        case 1:
            System.out.println("今日是周一,中午主食为米饭。");
```

```
            break;
        case 2:
            System.out.println("今日是周二,中午主食为面条。");
            break;
        case 3:
            System.out.println("今日是周三,中午主食为水饺。");
            break;
        case 4:
            System.out.println("今日是周四,中午主食为葱油饼。");
            break;
        case 5:
            System.out.println("今日是周五,中午主食为包子。");
            break;
        default:
            System.out.println("今日是周末,不提供餐食。");
        }
    }
}
```

运行程序，输出结果如下所示。

```
今日是周一,中午主食为米饭。
```

使用 switch 语句的注意事项

使用 switch 语句时需要注意以下几点。

（1）case 语句的值只能是常量或字面量，且数据类型需与变量相同。

（2）switch 语句中通常包含多个 case 语句，case 语句中如果不写 break 语句，则执行完本 case 语句后仍将继续执行下一个 case 语句。

（3）switch 语句中可以不含或最多包含一个 default 语句，一般将 default 语句放在 switch 语句的最后。

4.2　循环语句

现实生活中，很多事件会反复发生或执行，例如太阳每天东升西落，职员每周固定时间上下班，事物这种周而复始的变化或运动就是循环。开发人员可以通过设计计算机程序来解决工作和生活中的循环问题。

在程序设计中，记录循环反复发生或执行的情况，可以使用循环语句来处理。Java 中提供了两种循环语句：while 循环语句和 for 循环语句。

4.2.1　while 循环语句

while 循环语句用于重复执行某些操作，其语法格式如下所示。

```
while(表达式){
    //循环体
}
```

while 语句的执行逻辑为：计算表达式，如果其值为 false，则直接跳过 while 语句；如果其值为 true，则重复执行循环体直到表达式的结果变为 false 时跳出循环。

while 语句的执行流程如图 4-4 所示。

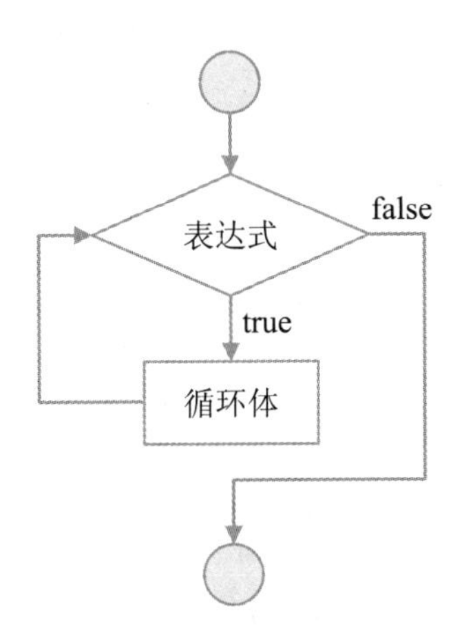

图 4-4　while 语句的执行流程

【例】 利用 while 语句计算某数列的第 20 项的值。

已知某数列具有以下特征：第一项 F(1) 的值为 1，第二项 F(2) 的值为 F(1)+1，第三项 F(3)

的值为 F(2)+2……第 n 项 F(n) 的值为 F(n−1)+n−1，使用程序计算并输出第 20 项的值，具体代码如下所示。

```
public class Item {
    public static void main(String[] args) {
        int lastItem=1;  // 定义变量 lastItem 用于存储上一项的值,初始值为 1
        int item=0;  // 定义变量 item,存储当前项的值
        int n=2;  // n 表示当前项的索引号,初始值为 2
        while (n<=20) {  // 当 n<=20 时执行循环体
            item=lastItem+n-1;  // 当前项为上一项的值+n-1
            lastItem=item;  // 设置上一项的值为当前项的值
            n++;  // 改变循环条件
        }
        System.out.println("第 20 项的值为:"+item);  // 打印输出
    }
}
```

运行程序，输出结果如下所示。

```
第 20 项的值为:191
```

4.2.2 do…while 循环语句

do…while 循环语句是 while 语句的变体形式，它的语法格式如下所示。

```
do{
    //循环体
}while(表达式)
```

在 do…while 语句中，循环体在前，表达式在后，因此将先执行循环体再进行判断。

do…while 语句的执行逻辑与 while 循环类似，都是循环执行循环体直到表达式的值为 false 为止，区别在于 do…while 语句循环体在前，表达式在后，将先执行循环体再进行判断，因此循环体至少执行一次。do…while 语句的执行流程如图 4-5 所示。

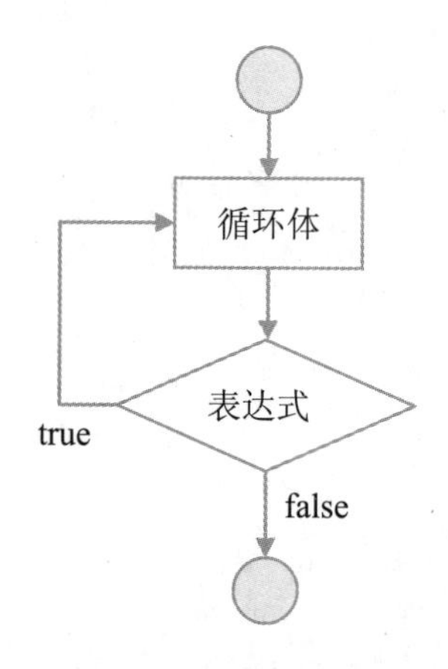

图 4-5　do…while 语句的执行流程

4.2.3 for 循环语句

for 语句常用于执行一定次数的循环，其语法格式如下所示。

```
for(表达式 1;表达式 2;表达式 3){
    // 循环体
}
```

表达式 1 通常用于设置循环变量的起始值；表达式 2 通常用于设置循环条件；表达式 3 用于改变循环变量的值。for 语句执行时，首先执行表达式 1，然后按照“表达式 2—循环体—表达式 3”的顺序重复执行，直到表达式 2 的结果为 false 为止。其执行流程如图 4-6 所示。

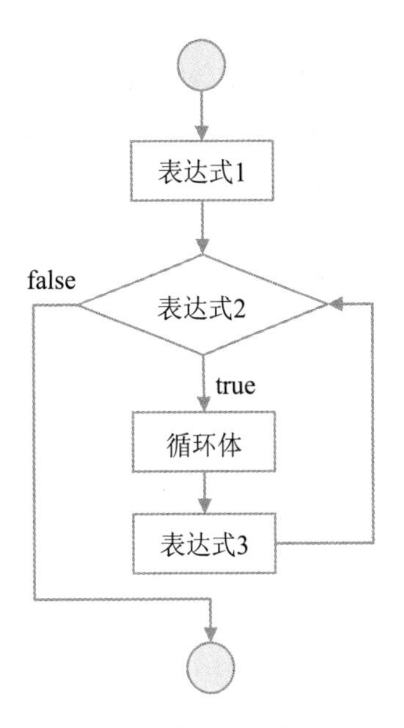

图 4-6　for 语句的执行流程

【例】 1～100 中的偶数为 2，4，6，8……100，使用 for 循环计算其和。具体代码如下所示。

```
public class EvenAdd {
    public static void main(String[] args) {
        int sum=0;  // 定义变量 sum 表示和
        for (int n=2; n<=100;n+=2) {  // for 循环
            sum+=n;  // sum 累加偶数
        }
        System.out.println("1~100 中偶数的和为:"+sum);  // 打印输出
    }
}
```

for 语句的一个常用用法为遍历序列，为了简化代码，Java 5 引入了一种用于遍历序列的增强型 for 循环：for each 循环，其语法格式如下所示。

```
for(variable:collection){
    //循环体
}
```

for each 循环是 for 语句的一种变体形式，variable 为集合中的元素变量，变量类型需与数组中的元素类型一致，collection 表示一个数组或实现了 Iterable 接口的类对象。

【例】 创建一个整型数组，使用 for 循环和 for each 循环分别遍历该数组。具体代码如下所示。

```
public class ForEach {
    public static void main(String[] args) {
        int[] array={ 1,2,3,4,5 };  // 定义并初始化数组
        System.out.print("第一种方式遍历数组:");  // 打印输出提示语句
        for (int i=0; i<array.length; i++) {  // 第一种 for 循环语句
            System.out.print(array[i]+" ");  // 输出数组元素
        }
        System.out.print("\n 第二种方式遍历数组:");  // 打印输出提示语句
        for (int item:array) {  // 第二种 for 循环语句
            System.out.print(item+" ");  // 输出数组元素
        }
    }
}
```

运行程序，输出结果如下所示。

```
第一种方式遍历数组:1 2 3 4 5
第二种方式遍历数组:1 2 3 4 5
```

技巧点拨

改变条件表达式的值

在使用 while 与 do…while 循环语句时，需要在循环体中添加相应语句来改变条件表达式的值，如在求取数列第 20 项元素的示例中，表达式为 n<=20，在 while 循环体中添加语句 n++ 来改变表述式的值。如果不增加此类语句，循环条件一直不被改变，程序将无限循环下去。

4.2.4 循环控制语句

假设要在 1～100 中查找一个数，这个数被 3 除余 2，被 4 除余 3，使用程序计算时通过遍历 1～100 查找目标数，当遍历到整数 11 时，发现 11 就是目标数，后面的数当然就没必要继续遍历了，可是，如何跳出循环呢？这就要用到 Java 的循环控制语句了：break 语句和 continue 语句。break 语句

用于结束整个循环，continue 语句用于跳过本次循环。

【例】 在 1～100 中查找这样一个数：这个数被 3 除余 2，被 4 除余 3。

使用 for 循环遍历 1～100，当找到目标数时，使用 break 语句跳出循环。具体代码如下所示。

```
public class FindNum {
    public static void main(String[] args) {
        for (int i=1;i<=100;i++) {  // 使用 for 循环遍历 1~100
            if (i % 3==2 && i % 4==3) {  // 如果 i 被 3 除余 2,被 4 除余 3
                System.out.println("被 3 除余 2,被 4 除余 3 的数为:"+i);  // 打印输出
                break;  // 找到目标数后,跳出 for 循环
            }
        }
    }
}
```

运行程序，输出结果如下所示。

```
被 3 除余 2,被 4 除余 3 的数为:11
```

在上述代码中，当找到目标数后，后面的代码无需继续执行，因此使用 break 语句跳出循环。

【例】 输出整数 1～20 中除了 3 或 5 的倍数外所有的数字。

遍历整数 1～20，当遇到 3 或 5 的倍数时，跳过本次循环，否则输出该数字。具体代码如下所示。

```
public class printNums {
    public static void main(String[] args) {
        for (int i=1;i<=20;i++) {  // 遍历 1~ 20
            if (i % 3==0 || i % 5==0) {  // 如果 i 是 3 的倍数或 5 的倍数
                continue;  // 跳过本次循环
            }
            System.out.print(i+" ");  // 输出结果
        }
    }
}
```

上述代码中，执行 continue 语句后，将跳过本次循环，直接执行 i++语句，然后进入下一次循环。运行上述代码，输出结果如下所示。

```
1 2 4 7 8 11 13 14 16 17 19
```

在 Java 中，允许 while 循环和 for 循环相互嵌套，并支持多层嵌套。

如果一个大于1的正整数只能被1和本身整除，不能被其他自然数整除，那么这个数就是质数。2，3，5，7，11，13等都是质数。请编写程序输出1～100内的所有质数吧。

提示：使用双层循环，外层循环遍历2～100，内层循环遍历查找该数的因子，如果除了1和本身没有其他因子，则该数为质数，直接输出即可。

参考代码如下所示。

```
public class GetPrime {
    public static void main(String[] args) {
        System.out.print("1～100中的质数有:");  //打印提示语
        for (int n=2; n<=100; n++) {  //遍历2~100
            boolean flag=true;  //定义flag作为质数的标记
            for (int i=2; i<n; i++) {  //遍历2～n-1,查找n的因子
                if (n % i==0) {  //如果i为n的因子
                    flag=false;  //设置flag为false
                    break;  //在多层循环中,只能跳出当层循环,不能跳出外层循环
                }
            }
            if (flag) {  //如果flag为true
                System.out.print(n+" ");  //输出质数
            }
        }
    }
}
```

第 5 章　面向对象编程

Java 语言采用面向对象的编程思想，相比于面向过程的编程方式，面向对象编程可以有效提高程序的可维护性、可扩展性以及代码的可重用性。

面向对象的编程方式，使用类来描述对象的属性和行为，因此熟悉并掌握类的相关用法是深入理解面向对象思想的前提。

5.1 面向对象的编程思想

5.1.1 面向对象编程与面向过程编程

在面向对象的编程思想出现之前，程序开发者采用面向过程的方式进行编程，面向过程的编程方式只关注功能的实现，不考虑项目后期的维护性，而面向对象的编程方式是将整个项目分解为一个个可以重复利用的模块，这给后期维护和代码重构带来很多便利。

举例来说，想要制作一张桌子，如果采取面向过程的方式来制作，则准备好制作桌子的材料、配件，由个人负责将材料、配件进行裁剪和组装，从而完成桌子的制作；而采用面向对象的方式来制作，则首先设计好桌子的样式，将桌子分成几个部分，如桌面、桌腿、配件等，各个部分都有统一的规格和标准，由于标准已经制定完成，因此制作可以交给不同的人来分别处理，最后只要将各个部分组装到一起即可完成桌子的制作。采用面向过程的方式，制作过程没有进行标准化，对生产者依赖较强，而采用面向对象的方式，更符合标准模块化的设计要求，具有通用性，后期如果更改需求，比如更换桌腿的样式，采用面向对象的方式只会影响桌腿的制作模块，其他模块都不受影响，而使用面向过程的方式则要对整个制作过程进行修改。

面向对象是一个比较抽象的概念，面向对象是把万事万物都看作对象。举例来说，一把椅子、一朵花都可以被看作一个对象，甚至天气、虚拟的网络都可以被看作对象。在编程过程中，将事物作为对象来处理，更符合我们的思维习惯，利用面向对象的思想进行程序开发，可以提高程序的可扩展性、可维护性和可复用性。

5.1.2 面向对象程序设计的特征

在进行程序设计时，抽出一类对象共同的性质特点并加以描述和概括，这实际上是一个对问题进行分析和概括的过程，可以令开发者对问题更加熟悉。

开发者并不需要概括问题的方方面面，只需要找到问题的主要方面即可。例如，设计桌子时，只需概括桌子的材料、长度、宽度、高度等属性，而桌子的生产时间、生产地点等属性可以忽略。

面向对象程序设计具有以下 3 个基本特征（图 5-1）。

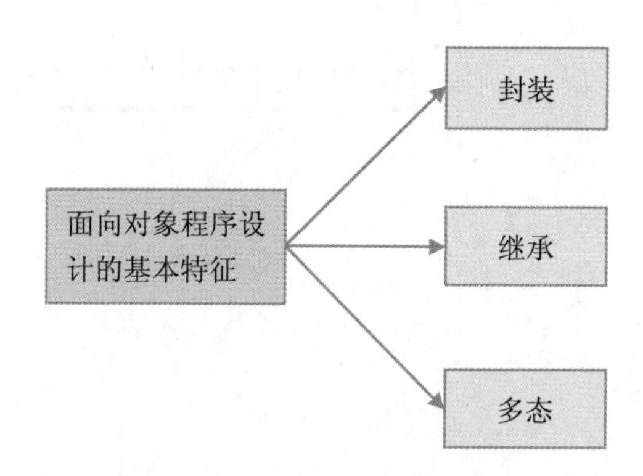

图 5-1 面向对象程序设计的基本特征

1. 封装

封装是指将对象的数据（属性）和行为（方法）包装在一个类中，并对对象的使用者隐藏实现细节。使用对象时，只需要调用对象的方法即可，不需要关心方法的实现过程，就像我们使用计算机看视频时，只需要打开软件进行视频播放即可，无需知道软件具体是怎么实现播放功能的。

通过封装将对象保护起来，只留下外部接口，用户通过接口对对象进行操作，只允许操作对象公开的数据，这样使程序模块之间的关系更简单，对象的数据也更加安全。

封装是实现抽象的基本手段，封装的使用使得对程序的修改只限于类的内部，不会影响整体的程序运行。

2. 继承

在面向对象编程思想中，继承是指一个新类可以从现有的类派生出来，从而拥有现有类的属性和行为，并可以增加新的属性和行为，从而让其适应实际需求。继承让用户自定义类变得更加轻松容易。

以四边形为例，四边形的特征为有四条边，平行四边形、梯形都属于四边形，可以令二者继承四边形，这样就都具有了四边形的特征，同时还可以在平行四边形和梯形类中分别建立属于自己的属性和方法，这样既简化了类的创建，又兼具了灵活性。

在继承关系中，子类的对象也是父类的对象，但是父类的对象不是子类的对象，这是因为子类继承了父类的特征，但是父类不具有子类的新特征。

继承的基本特性使得用户可以更方便地构造对象，解决了软件的可重用性问题，是面向对象编程的重要基本特征。

3. 多态

多态是指同一个行为具有多个不同表现形式。具体来讲，当同一个接口的不同实例对象调用同一个方法时可以执行不同的操作。例如，所有风扇都具有吹风的功能，但具体到实例，暖风扇进行吹风操作时吹出的风是热风，冷风扇进行吹风操作时吹出的风是冷风，同样的行为（吹风），由于实例不同，进行的操作也不同。

多态的应用让程序在设计时更加灵活，多态的特性不仅可以消除类型之间的耦合关系，并且可以提高程序的可扩展性。

5.2 类和对象

5.2.1 类和对象的关系

在面向对象编程思想中把所有的事物都看作对象，那么具体到Java语言中，到底什么是对象呢?

类和对象之间又有着怎样的关系呢?

一些事物具有相同的属性和行为，例如汽车有品牌、用途、颜色、车型、排量、时速等属性，具有前进、后退等行为。类即是对具有相同属性和行为的一类事物的抽象，类中封装了属性和行为，对象则是类的具体实例。例如，我们可以将汽车定义为一个类，而一辆红色越野车则是一个具体的实例对象（图 5-2)。

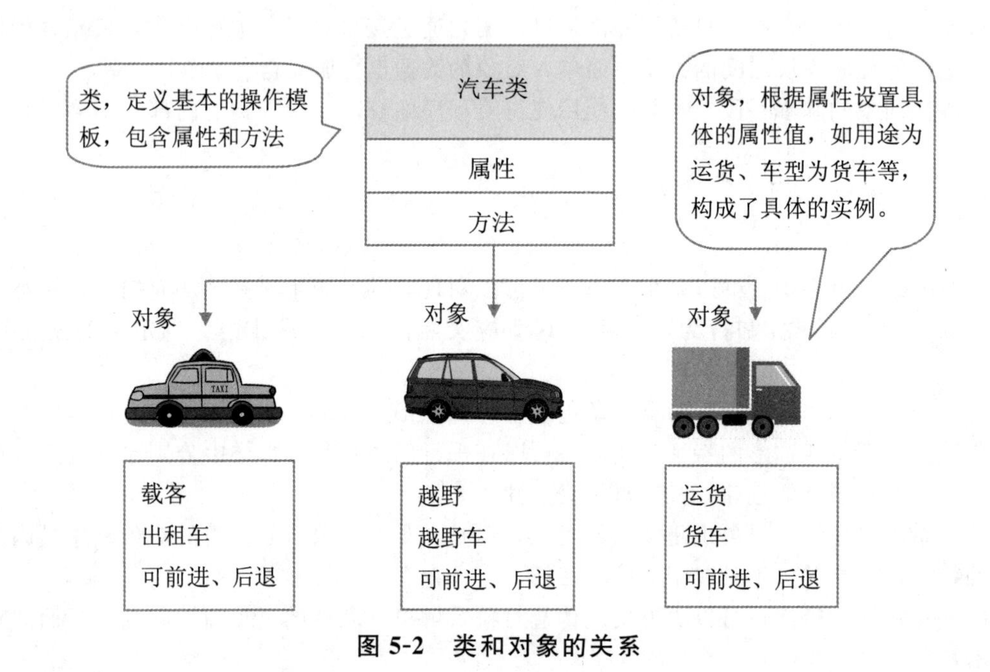

图 5-2　类和对象的关系

在 Java 中使用关键字 class 定义一个类，其语法格式如下所示。

```
[访问修饰符] class ClassName{
    //类的成员变量(属性)
    //类的成员方法(方法)
}
```

ClassName 表示类的名称，类中一般包含成员变量和成员方法。

声明一个类的变量并不等于创建了这个类的实例，在 Java 中，使用关键字 new 才能为对象开辟内存空间，将对象实例化。

5.2.2　访问修饰符

访问修饰符用于控制访问权限，类、类的成员属性和成员方法都可以使用访问修饰符修饰。

Java 中包含 3 个访问修饰符：public、protected、private，其中使用 public 修饰允许所有类访问，可理解为公开访问权限；采用 protected 修饰只允许本包中的类以及其他包中的子类访问，可理解为包权限和继承访问权限；当不使用访问控制符时，只允许本包中的类访问，可以将其理解为包访问权限或默认（default）访问权限；采用 private 修饰只允许本类访问，因此是私有访问权限。

面向对象的封装特性体现在把该隐藏的隐藏起来，把该暴露的暴露出来，具体实现就是通过访问修饰符来完成的。4 种访问修饰符的访问权限见表 5-1。

表 5-1　访问修饰符权限

	public	protected	default	private
本类	√	√	√	√
所在包的其他类	√	√	√	×
其他包中的子类	√	√	×	×
其他包中的非子类	√	×	×	×

注：√表示可访问，×表示不可访问。

在 Java 中，类的访问权限会限制类成员的访问权限。例如，定义一个访问修饰符缺省（default）的类 ClassA，在 ClassA 中定义一个 f1 ()方法，即使 f1 ()方法使用 public 修饰，它的访问权限也只能是 default 权限。

技巧点拨

使用访问控制符的注意事项

使用访问控制符时，需注意以下几点。

（1）外部类只能使用 public 修饰符或者缺省修饰符。

（2）一些 static 或者全局变量的属性使用 public 修饰，其他属性一般使用 private 修饰。

（3）如果一个方法只是在类内部调用，则应使用 private 修饰；如果一个方法是为了在类外部调用，则使用 public 修饰。

5.3 属性

在Java中类的属性也称为成员变量或字段，其定义语法格式如下所示。

```
[访问修饰符] 数据类型 成员变量 [=值];
```

访问修饰符与赋值都是可选内容，定义成员变量时可以为其赋值，但通常情况下不直接赋值。

成员变量的定义与普通变量的定义大致相同，但是成员变量可以使用访问控制符修饰，以确定成员变量的访问权限。

【例】 定义汽车类Car，并定义以下属性：颜色、类型、品牌，具体代码如下所示。

```
public class Car {
    private String color;   // 汽车颜色
    private String type;   // 汽车类型
    private String brand;   // 汽车品牌
}
```

在Java中，定义属性时如果不设置初始值，则会使用默认值，String为引用类型，String类型变量的默认值为null。

在使用面向对象编程思想开发程序过程中，为了更好地封装数据，防止其他类随意变更属性值，对类的成员变量通常使用private修饰，可是使用private修饰后，其他类想要访问该属性怎么办呢？

在Java中，针对private修饰的成员变量，可以为其设置getter ()方法让其他类读取该属性，设置setter ()方法让其他类更改属性值，这样其他类就可以通过方法来访问或者更改属性。

通过方法来访问和更改属性与直接使用public修饰属性有何区别呢？如果将属性设置为public，其他类可以随意访问和修改属性，本类无法控制，但是通过设置getter ()、setter ()方法，可以将一些权限控制或者数据验证加入方法中，从而起到保护数据的作用。

举例来说，我有一个储物盒，如果设置成public，则其他人可以随意地查看或者使用它，我无法控制，但是如果设置成private，再为其设置getter ()、setter ()方法，则我可以在方法中增加一些限制，例如，只允许我的好朋友查看它，储物盒内只允许放置食物，不允许放置其他东西等。

在Eclipse中，定义了成员属性后，点击菜单“Source—Generate Getters and Setters…”将弹出“为属性创建getter ()、setter ()方法”的对话框，选中属性，点击“Generate”按钮，将自动生成属性的getter ()、setter ()方法。

【例】 定义储物盒类和成员变量，并为成员变量创建getter ()、setter ()方法。具体代码如下所示。

```
public class Box {   // 创建类 Box
    String color;   // 定义成员变量 color 表示颜色
    String inner;   // 定义成员变量 inner 表示内置物
    public String getColor() {   // 获取 color 属性
        return color;
    }
    public void setColor(String color) {   // 设置 color 属性
        this.color=color;
    }
    public String getInner() {   // 获取 inner 属性
        return inner;
    }
    public void setInner(String inner) {   // 设置 inner 属性
        if (inner.equals("food")) {   // 设置条件
            this.inner=inner;
        }
    }
    public void getInfo() {   // 用于获取属性信息
        System.out.println("color:"+color+";inner:"+inner);
    }
}
public class Test {
    public static void main(String[] args) {
        Box box=new Box();   // 声明并实例化对象
        box.setColor("蓝色");   // 设置属性
        box.setInner("food");   // 设置属性
        box.getInfo();   // 调用方法
    }
}
```

上述代码在 Test 类中通过 new 关键字实例化 Box 的对象，并通过调用 setter()方法为属性赋值，运行程序，输出结果如下所示。

```
color:蓝色;inner:food
```

5.4　方法

类中的方法分为成员方法和构造方法。成员方法表示对象的行为，构造方法用于初始化，在实例化对象时调用。

5.4.1　成员方法

1. 成员方法的定义

类的成员方法用来定义类的行为。在编程过程中，想要完成一个功能，通常需要使用多条语句组合实现。如果一个功能需要使用多次，重复编写相同的代码固然可以，却不是好的编程习惯。在Java中，方法用于封装一段代码，一个方法通常是多条语句的集合，用于完成一个特定的功能，当用户需要使用相同的功能时，不必再次编写重复的代码，只需调用该方法即可。使用方法提高了程序开发的效率，使得程序变得简短而清晰，同时提高了代码的可重用性以及可维护性。

定义成员方法的语法格式如下所示。

```
[访问修饰符] [返回值类型] 方法名([参数类型 参数名])[throws 异常类型]{
    //方法体
    [return 返回值;]
}
```

访问修饰符可以是public、protected或private，也可以不写（不写时使用default访问权限），返回值类型是指方法的返回值的数据类型，如果没有返回值则使用void关键字。一个方法中可以有任意个参数，参数可以是任意数据类型。如果返回值类型不为void，则在方法中必须使用return语句返回数据，数据的类型需与返回值类型一致。

在Java中，使用“对象.方法名()”的方式来调用类的成员方法。

【例】 定义汽车类Car，并定义成员方法travel()。

```
public class Car {
    public void travel() {
        System.out.println("汽车正在行驶。");
    }
}
```

2. 参数

写在方法名后面圆括号中的就是方法的参数。参数分为形参和实参（图 5-3）。调用方法时给方法传递的参数，叫作实参，在方法内部，接受实参的变量叫作形参，形参的作用范围只限于方法内部。

```
public class Car {
    public void travel (int speed) {                          —— 形参
        System.out.println ("汽车行驶的速度为" + speed + "公里/小时。");
    }
}
public class Test {
    public static void main(String[] args) {
        int speed = 100;          // 定义变量speed
        Car car = new Car();   // 创建Car的实例
        car. travel (speed);  // 调用car. travel()方法    —— 实参
    }
}
```

图 5-3　形参和实参

调用方法时，实参将值传递给形参，在方法内部操作的都是形参。如果实参和形参是基本数据类型，那么在方法中对形参的修改不会影响实参，如果实参和形参是引用数据类型，如数组或某类的实例对象，则对形参数据的修改会反映到实参上。

引用数据类型的参数传递

为什么当方法的参数是引用数据类型时，改变形参的值会影响实参呢？这就要提到引用数据类型的内存存储方式了。

引用数据类型在内存中存储时对象名称和数据内容（成员属性等）并不是存储在一起的。数据内容存储在堆内存中，对象名称存储在栈内存中，对象名称中存储的是指向数据内容的地址。在声明类的对象名称后，使用 new 关键字将对象实例化时会在堆内存中开辟一块空间，同时将空间地址赋值给对象名称。

当传递的参数是引用数据类型时，传递的并不是数据内容而是内存空间地址，因此在方法中对形参数据内容的修改会反映到实参中。

3. 方法重载

方法是对类行为的描述，可以将方法理解为类的某个动作或行为的名字。既然是名字，就常常会有重名的情况。在同一个类中定义具有相同名字的方法，叫作方法重载。进行方法重载时，为了使编译器能够确定该调用哪一个方法，方法的参数类型列表须具有唯一性，如使用不同数量或不同数据类型和次序的参数组合。

5.4.2 构造方法

构造方法与成员方法不同，成员方法通过“对象. 方法名()”的方式调用，构造方法是在使用 new 关键字创建实例时自动调用的，它具有以下特点（图 5-4）。

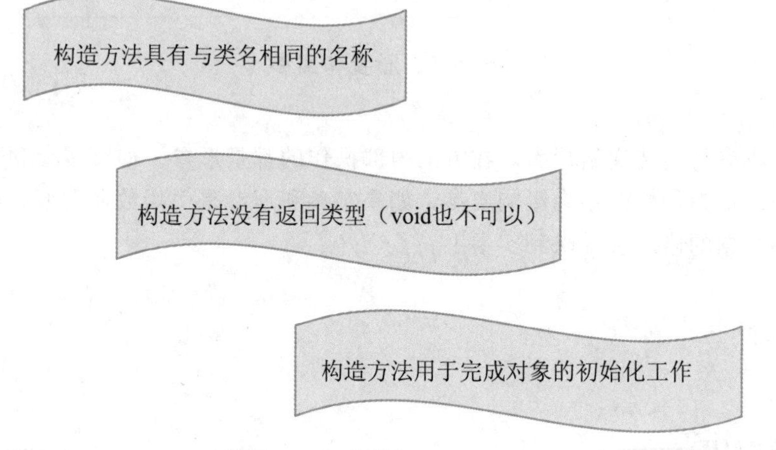

图 5-4 构造方法的特点

只要遵循方法重载的规则，一个类中就可以包含多个构造方法。如果类中没有定义构造方法，则在编译时系统会自动生成一个无参构造方法。

【例】 创建汽车类 Car，并为该类定义无参构造方法和有参构造方法。具体代码如下所示。

```
public class Car {
    private String color;  // 汽车颜色
    private String type;  // 汽车车型
    private String use;  // 汽车用途
    public Car() {  // 无参构造方法
        this.color="红色";  // 为成员变量 color 赋值
        this.type="轿车";  // 为成员变量 type 赋值
        this.use="家庭出行";  // 为成员变量 use 赋值
    }
    public Car(String color,String use) {  // 有参构造方法
        this.color=color;  // 设置属性 color
        this.use=use;  // 设置属性 brand
        this.type="轿车";  // 设置属性 type
    }
    // 此处省略属性的 getter、settter 方法
}
public class Test {
    public static void main(String[] args) {
        Car car=new Car();  // 创建 Car 类的实例
        System.out.println("颜色:"+car.getColor()+";车型:"+car.getType()
+";用途:"+car.getUse());  // 输出 car 的属性值
        Car car2=new Car("黑色","网约车");
        System.out.println("颜色:"+car2.getColor()+";车型:"+car2.getType()
+";用途:"+car2.getUse());  // 输出 car 的属性值
    }
}
```

运行程序，输出结果如下所示。

```
颜色:红色;车型:轿车;用途:家庭出行
颜色:黑色;车型:轿车;用途:网约车
```

一个类可以定义多个构造方法，当使用 new 实例化对象时，通过构造方法的参数个数和类型决定调用哪一个构造方法。

如果没有为类定义任何构造方法，编译器会自动生成一个默认的无参构造方法。但如果已经自定义了构造方法，无论该方法是否含有参数，编译器都不再自动生成构造方法，这意味着，如果用户只自定义了有参构造方法，使用无参的构造方法创建实例将会产生编译错误。

5.5 this关键字

在类的成员方法中，当形参和类的属性名称相同时，如何区分二者呢？在Java中，可以使用this关键字进行区分。this关键字只能在方法内部使用，表示对“调用方法的那个对象”的引用。当想要区分形参和类的属性名称时，直接使用“this.属性名称”即可将属性名称与形参区分开来。

this表示的是调用当前方法的对象，因此this可以在return语句中直接作为对象返回。

除此之外，this还有一个特殊用法，它可以后面跟圆括号和参数，表示调用相应的构造方法，这样使用时，this()必须放在代码段的首行。

【例】 定义商品类Good，在该类中展示this关键字的三种用法，具体代码如下所示。

```
public class Good {
    private int num;
    private String name;
    public Good(String name) {
        this.name=name;
    }
    public Good(int num, String name) {
        this(name);  // 通过this调用构造方法时,必须写在方法首行
        this.num=num;  // 通过"this."的方式调用属性
    }
    public Good addGoods(int n) {
        this.num+=n;
        return this;  // 返回当前对象
    }
    // 此处省略属性的getter()和setter()方法
    public static void main(String[] args) {
        Good good=new Good(80,"毛巾");
        good=good.addGoods(20);
        System.out.println(good.name+"的数量为:"+good.num);
    }
}
```

运行程序，输出结果如下所示。

```
毛巾的数量为:100
```

5.6　static 关键字

使用 static 关键字修饰的属性和方法称为静态属性和静态方法，静态属性和静态方法具有全局特性，它不受具体实例的限制，在没有实例化对象时依然可以直接访问静态方法和静态属性。

如果一个属性被定义为静态属性，则所有对象都可以使用该属性，如果有一个对象修改了静态属性的内容，会影响到其他所有对象，因此，可以将静态属性理解为公共属性。

如果一个方法被定义为静态方法，则这个方法可以在没有实例化对象的情况下调用。

在静态成员方法中无法调用普通成员变量和方法，只能调用静态成员变量和方法。因为在调用静态方法时，可能还没有实例化对象，而普通成员变量和方法只有在对象实例化后才能使用，也正因为如此，在静态方法中不能使用 this 关键字。

虽然静态成员方法中无法调用普通成员变量和方法，但是在普通成员方法中可以调用静态成员变量和方法，这是因为静态成员变量和方法是所有实例对象所共享的。

静态属性和静态方法都可以直接通过“类名.”的方式访问。

【例】 创建访问类，统计网站访问数量。

网站每增加一个访客，访问量增加 1，因此访问量是公共属性，应定义为静态变量。具体代码如下所示。

```
public class Visit {
    public static int count=0;  // 定义静态属性 count,用于统计访问量
    private String ip;  // 定义普通属性 ip,用于记录访问者的 ip
    Visit() {  // 构造方法
        count++;
    }
    public static void addVisit(int n) {  // 静态方法
        count+=n;
    }
    public static void main(String[] args) {
        new Visit();
        Visit.addVisit(50);
        System.out.println("网站的访问量为:"+Visit.count);
    }
}
```

运行程序，输出结果如下所示。

```
网站的访问量为:51
```

5.7 代码块

代码块是指使用一对大括号“{}”组织在一起的一段程序。位于方法中的代码块是普通代码块，位于类中的代码块是构造代码块，使用static定义的位于类中的代码块是静态代码块。三种代码块的调用顺序各不相同。

【例】 定义各种代码块并总结其运行顺序。

定义CodeBlock类，并在类中分别定义静态代码块、构造代码块和普通代码块，运行并总结三种代码块的运行顺序有何不同。具体代码如下所示。

```
public class CodeBlock {
    public CodeBlock() {  // 构造方法
        System.out.println("构造方法");
    }
    static {  // 静态代码块
        System.out.println("静态代码块");
    }
    {// 构造代码块
        System.out.println("构造代码块");
    }
    public static void main(String[] args) {
        System.out.println("------ 进入 main()方法------");
        {// 普通代码块
            System.out.println("普通代码块");
        }
        System.out.println("------ 创建类的实例-------");
        new CodeBlock();  // 创建 CodeBlock 类的实例
    }
}
```

运行程序，输出结果如下所示。

```
静态代码块
------ 进入 main()方法------
普通代码块
------ 创建类的实例------
```

```
构造代码块
构造方法
```

在上述示例中，共创建了三种代码块，结合程序的输出结果，总结三种代码块的执行顺序如下。

(1) 静态代码块先于 main ()方法执行，且在整个程序运行过程中只会执行一次。

(2) 构造代码块在创建类的实例时执行，且先于构造方法。

(3) 普通代码块在调用所属方法时按照所处位置顺序执行。

小试锋芒

定义空调类 AirConditioner，在类中定义属性 type 和 level，分别表示风的类型和风级，定义方法 start ()表示空调开始运行，定义方法 stop ()表示空调关闭，在 main ()方法中声明并实例化空调类的对象，为该对象设置属性并调用该对象的方法。

参考代码如下所示。

```
public class AirConditioner {
    private String type;  // type 表示类型:暖风或冷风
    private int level;  // level 表示风级,级别越大表示风越大
    //此处省略属性的 getter()和 setter()方法
    public void start() {
        System.out.println("空调开始运行:"+type+level+"级");
    }
    public void stop() {
        System.out.println("空调结束运行:"+type+level+"级");
    }
    public static void main(String[] args) {
        AirConditioner airConditioner=new AirConditioner();
        airConditioner.setType("暖风");
        airConditioner.setLevel(2);
        airConditioner.start();
        airConditioner.stop();
    }
}
```

第6章　包装类

为了方便用户开发程序，减小程序开发的难度，Java 提供了很多常用类，如处理字符串的 String 类、处理基本数据类型的包装类以及处理时间的 Date 类等，这些类封装了数据和方法，提供了很多常用的功能。

掌握 Java 编程语言中常用类的使用方式，不仅可以提高程序开发的效率，还可以提高代码的准确性。

6.1 String类

String类是字符串类，该类封装了字符串操作的常用方法。在Java中使用一对双引号括起来的内容都是String类的实例，如“abcdefg”。

6.1.1 创建String类的对象

String类的对象可以直接指向一个字符串常量，也可以通过new关键字调用String的构造方法来实例化String对象。具体使用方法如下所示。

```
String str1="Java String";  //使用字符串常量赋值
String str2=new String("Java String");  //通过new关键字调用构造方法实例化对象
char[] charArray={ 'J','a','v','a' };
String str4=new String(charArray);  //通过字符数组实例化字符串对象
String str5=new String(charArray,1,2);  //提取字符数组的一部分实例化字符串对象
```

6.1.2 String类的常用方法

字符串连接是指将两个字符串的内容连接到一起，是字符串较常使用的操作。在Java中，通过运算符“+”可以将两个字符串的内容连接到一起，也可以将字符串与其他类型的数据连接到一起，如下所示。

```
String str1="I love"+"Java";  //使用"+"连接两个字符串
String str2="张明所在班级有"+38+"个同学,这次数学测验的平均分为"+92.85+"分";
//使用"+"连接字符串和整型以及浮点型数据。
```

想要连接两个字符串，除了使用“+”，还可以使用String类提供的concat()方法。concat()方法将参数指向的字符串连接到原字符串的末尾，其语法格式如下所示。

```
str1.concat(str2);
```

参数说明：

- str1：表示原字符串。
- str2：表示拼接的字符串。
- 返回值：返回str1与str2拼接后的字符串。

str1. concat(str2) 将 str1 与 str2 进行拼接并返回拼接后的字符串，str1 与 str2 的值保持不变。除了字符串连接操作，String 类还封装了多种字符串的操作方法，一些常用的方法见表 6-1。

表 6-1　String 类中的常用方法

方法名称	说　明
length()	获取字符串的长度，即包含的字符个数
charAt(int index)	获取指定索引的字符
indexOf(String substr)	获取子字符串的索引位置，如果未找到子字符串，则返回-1
startsWith(String prefix)	判断字符串是否以 prefix 为前缀
endsWith(String suffix)	判断字符串是否以 suffix 为后缀
contains(String substr)	判断字符串中是否包含 substr 子串
replace(String oldstr, String newstr)	该方法返回一个新的字符串，新的字符串将原字符串中的 oldstr 字符序列替换为 newstr 字符序列
toLowerCase()	将字符串中的所有字符均转换为小写并返回，如果原字符串已经全部为小写字符，则返回原字符串，否则返回一个新字符串
toUpperCase()	将字符串中的所有字符均转换为大写并返回，如果原字符串已经全部为大写字符，则返回原字符串，否则返回一个新字符串
trim()	返回一个新的字符串，新的字符串为原字符串去除首尾空白字符后的字符串
equals(String str2)	判断字符串与 str2 的内容是否完全相同

String 类与 StringBuffer 类

String 类提供了很多操作字符串的方法，其中一些方法不会改变原字符串，而是创建一个新的字符串对象并将其返回，如 concat()方法。如果进行大量这种操作，内存中将产生大量对象，这对程序的性能将产生影响。

除了 String 类，Java 还提供了 StringBuffer 类，StringBuffer 类具有和 String 类类似的操作字符串的方法，如 StringBuffer 类的 append ()方法用于在字符串末尾添加新字符串。与 String 类不同的是，StringBuffer 类调用修改字符串的方法是操作自身对象，而不会创建一个新的对象，因此当进行大量修改字符串的操作时，选用 StringBuffer 类可以提高程序的性能。

6.2 Integer 类

Java 是面向对象的编程语言，为了能把基本数据类型当作对象处理，Java 对基本数据类型进行了封装，出现了与基本数据类型相对应的包装类，如 byte 类型对应的包装类为 Byte 类，short 类型对应的包装类为 Short，int 类型对应的包装类为 Integer，long 类型对应的包装类为 Long 等。包装类提供了多种实用的方法，如数值类型之间的转换、与字符串之间的类型转换、比较大小等，为用户开发程序提供了更多便利。

Byte、Short、Integer 和 Long 这四种类型都是数值型包装类，它们包含的方法大体相同，因此本节以 Integer 为例进行说明。

Integer 类中包含 int 类型的字段 value，该字段用于存储整型数值，后文中提到的 Integer 对象的值指的也是 value 字段的值。

在 Java 9 之前，通常使用 new 关键字创建 Integer 类的对象，在 Java 9 之后推荐使用 valueOf ()方法获得 Integer 对象，这是因为 valueOf ()方法具有更好的空间和时间性能。

Integer 对象的创建方式如下所示。

```
Integer a=Integer.valueOf(58);
Integer b=Integer.valueOf("79");
```

Integer 类包含多种方法，常用方法见表 6-2。

表 6-2　Integer 类的常用方法

方法名称	说　明
Integer. parseInt (String str)	Integer 类的静态方法，将字符串 str 转换为整数并返回
Integer. toBinaryString (int i)	Integer 类的静态方法，返回整数 i 的二进制字符串
Integer. toHexString (int i)	Integer 类的静态方法，返回整数 i 的十六进制字符串
Integer. toOctalString (int i)	Integer 类的静态方法，返回整数 i 的八进制字符串

续表

方法名称	说　　明
equals(Object b)	判断调用对象与对象 b 代表的值是否相等
compareTo(Integer integer)	比较调用对象与 interger 代表的数值，如果调用对象的数值大，返回正值，如果调用对象的数值小，返回负值，二者相等返回 0
intValue()	以 int 类型返回调用对象代表的数值
shortValue()	以 short 类型返回调用对象代表的数值
byteValue()	以 byte 类型返回调用对象代表的数值

【例】根据用户输入的整数，输出对应的二进制、八进制和十六进制字符串。

创建 IntegerTest 类，在 main()方法中获取用户输入的整数，然后将该整数转换为二进制、八进制和十六进制的字符串并输出，具体代码如下所示。

```
public class IntegerTest {
    public static void main(String[] args) {
        Scanner sc=new Scanner(System.in);  // 创建扫描器,获取控制台输入的值
        System.out.print("请输入一个整数:");  // 输出提示
        int num=sc.nextInt();  // 获取用户输入的整数,赋值给 num 变量
        System.out.println(num+"转换为二进制格式为:"+Integer.toBinaryString
(num));
        System.out.println(num+"转换为八进制格式为:"+Integer.toOctalString
(num));
        System.out.println(num+"转换为十六进制格式为:"+Integer.toHexString
(num));
        sc.close();
    }
}
```

运行程序，输出结果如下所示。

```
请输入一个整数:93
93 转换为二进制格式为:1011101
93 转换为八进制格式为:135
93 转换为十六进制格式为:5d
```

6.3 Boolean 类

Boolean 类将 boolean 类型的数据封装在类中，还提供了多种常用方法，如 equals ()，toString ()等。

【例】 展示 Boolean 类的常用方法。

创建 BooleanTest 类，在类中创建 Boolean 类的对象，并展示 Boolean 类的一些常用方法：booleanValue ()方法、equals ()方法、logicalOr ()方法等。具体代码如下所示。

```
public class BooleanTest {
    public static void main(String[] args) {
        Boolean a=Boolean.valueOf("true");   // 创建 Boolean 对象
        Boolean b=Boolean.valueOf("other");   // 创建 Boolean 对象
        System.out.println("a 封装的 boolean 值为:"+a.booleanValue());
        System.out.println("b 封装的 boolean 值为:"+b.booleanValue());
        System.out.println("判断 a 与 b 封装的 boolean 值是否相等:"+a.equals(b));
        System.out.println("a 与 b 做逻辑或的操作结果:"+Boolean.logicalOr(a,b));
    }
}
```

运行程序，输出结果如下所示。

```
a 封装的 boolean 值为:true
b 封装的 boolean 值为:false
判断 a 与 b 封装的 boolean 值是否相等:false
a 与 b 做逻辑或的操作结果:true
```

技巧点拨

Boolean. valueOf (String s)

在本节的示例中，使用 Boolean. valueOf (“other”) 生成的 Boolean 对象封装的值为 false，这是因为 Boolean 类的 valueOf ()方法在处理时，当参数值不为“true”时（无关大小写），统一将封装的布尔值定义为 false，因此可以看到 b 封装的 boolean 值为 false。

6.4　Character 类

Character 类中包含 char 类型的字段 value，用于存储字符。

Character 类将 char 类型的数据封装在类中，还提供了多种常用方法，如转换字符的大小写格式、判断字符是字母还是数字、判断字符的大小写等，具体见表 6-3。

表 6-3　Character 类的常用方法

方法名称	说　明
valueOf(char c)	返回值为 c 的 Character 对象
charValue()	返回 Character 对象的值
compareTo(Character c)	将调用方法的对象与另一个 Character 对象 c 进行比较，如果两个对象的值相等，则返回 0，如果调用对象的值小于 c，则返回负值，否则返回正值
equals(Object obj)	比较两个对象的值是否相等
toUpperCase(char ch)	静态方法，返回字符 ch 的大写格式
toLowerCase(char ch)	静态方法，返回字符 ch 的小写格式
isLetter(char ch)	静态方法，判断字符 ch 是不是字母
isDigit(char ch)	静态方法，判断字符 ch 是不是数字

【例】展示 Character 类的常用方法。

创建 CharacterTest 类，在类中创建 Character 类的对象，并展示一些 Character 类的常用方法，如 valueOf()方法、compareTo()方法、isUpperCase()方法等。具体代码如下所示。

```
public class CharacterTest {
    public static void main(String[] args) {
        char ch='d';  //定义字符 ch,赋值为'd'
        System.out.println("判断 ch 是否为大写格式,结果为:"+Character.isUpper-
Case(ch));
        System.out.println("判断 ch 是否为字母,结果为:"+Character.isLetter
(ch));
```

```
            Character c=Character.valueOf(ch);  // 创建 Character 类的对象 c,并使
用 ch 的值作为 c 的初始值
            System.out.println("比较 Character 对象 c 的值与字符'e'的大小,结果为:"+
c.compareTo('e'));
        }
    }
```

运行程序，输出结果如下所示。

```
判断 ch 是否为大写格式,结果为:false
判断 ch 是否为字母,结果为:true
比较 Character 对象 c 的值与字符'e'的大小,结果为:-1
```

6.5 Double 类

浮点数基本数据类型包括 double 和 float，Java 中对这两种基本数据类型也有对应的封装类，分别是 Double 类和 Float 类，二者均是 Number 类的子类。Float 类与 Double 类的方法大体相同，本节以 Double 类为例进行介绍。

Double 类的对象中包含 double 类型的字段 value，用于存储浮点数值，通常所说的 Double 对象的值指的就是字段 value 的值。除此之外，Double 类还提供了多种常用方法（表 6-4）。

表 6-4　Double 类的常用方法

方法名称	说　明
valueOf(String s)	返回一个 Double 对象，该对象的值与字符串 s 表示的字面值相同
valueOf(double d)	返回一个 Double 对象，该对象的值与 d 相同
parseDouble(String s)	静态方法，返回字符串 s 表示的字面值
doubleValue()	返回 Double 对象的值
compareTo(Double d)	将调用方法的对象与 d 进行比较，如果两个对象的值相等，则返回 0，如果调用对象的值小于 d，则返回负值，否则返回正值
equals(Object obj)	比较两个对象的值是否相等
toString()	将对象的值转化为字符串并返回
toHexString(double d)	静态方法，返回 d 的十六进制字符串形式

【例】展示 Double 类的常用方法。

创建 DoubleTest 类，在类中创建 Double 类的对象，并展示一些 Double 类的常用方法，如 valueOf ()方法、compareTo ()方法、equals ()方法等。具体代码如下所示。

```
public class DoubleTest {
    public static void main(String[] args) {
        Double d=Double.valueOf(5.8);  // 创建 Double 对象
        System.out.println("Double 对象 d 转为整型后的值为:"+d.intValue());
// 将 d 的值转为整型并输出
        System.out.println("使用 compareTo()方法比较 Double 对象 d 与 9.6,比较的
结果为:"+d.compareTo(9.6));
        System.out.println("使用 equals()方法比较 Double 对象 d 与 5.8,比较的结
果为:"+d.equals(5.8));
        System.out.println("调用 Double 类的静态方法将字符串转换为 double 值:"+
Double.parseDouble("34.2"));
    }
}
```

运行程序，输出结果如下所示。

```
Double 对象 d 转为整型后的值为:5
使用 compareTo()方法比较 Double 对象 d 与 9.6,比较的结果为:-1
使用 equals()方法比较 Double 对象 d 与 5.8,比较的结果为:true
调用 Double 类的静态方法将字符串转换为 double 值:34.2
```

6.6 Number 类

Java 中数值类型（byte、short、int、long、float 和 double）对应的包装类都有一个共同的父类——Number 类。Number 类是一个抽象类，提供了多个抽象方法（表 6-5），数值型包装类继承了 Number 类并实现了这些方法，因此每个数值型包装类都包含表 6-5 中的方法。

表 6-5 Number 类包含的抽象方法

方法名称	说 明
byteValue ()	将值强制转换为 byte 类型并返回
shortValue ()	将值强制转换为 short 类型并返回
intValue ()	将值强制转换为 int 类型并返回
longValue ()	将值强制转换为 long 类型并返回
floatValue ()	将值强制转换为 float 类型并返回
doubleValue ()	将值强制转换为 double 类型并返回

6. 7 Date 类

在实际开发过程中，日期和时间的使用必不可少，如记录信息的创建时间、计算一项任务花费的时间等。Java 中提供了专门处理日期和时间的类，如 java. util 包中的 Date 类和 Calendar 类。

Date 类中既包含无参构造方法也包含有参构造方法。无参构造方法直接使用当前时间创建 Date 对象；有参构造方法根据参数提供的毫秒数来创建时间，参数提供的毫秒数为 long 型，表示自从基准时间（即 1970 年 1 月 1 日 00：00：00 GMT）以来的毫秒数。

Date 类包含的常用方法见表 6-6。

表 6-6 Date 类的常用方法

方法名称	说 明
after(Date when)	判断调用对象所表示的日期是否在 when 表示的日期之后
before(Date when)	判断调用对象所表示的日期是否在 when 表示的日期之前
getTime ()	获得调用对象所表示的日期时间距离基准时间（即 1970 年 1 月 1 日 00：00：00 GMT）的毫秒数
setTime(long time)	根据参数提供的毫秒数为调用对象设置时间

Date 类在设计时没有考虑到国际化以及其他一些常用的功能，如对日期时间进行加减运算等，因此 Java 提供了 Calendar 类来满足用户更多的需求。Date 类中的一些构造方法和成员方法也被

Calendar 类的方法取代了。

Calendar 是一个抽象类，抽象类不能通过 new 的方式来创建一个对象，因此 Calendar 提供了 getInstance ()类方法来创建对象。

【例】第二十二届世界杯足球赛将于 2022 年 11 月 21 日举行，请计算现在距离第二十二届世界杯足球赛还有多长时间。

创建 Calendar 对象，并使用 set ()方法将 Calendar 对象的时间设置为世界杯足球赛的时间，再通过 getTimeInMillis ()方法获得足球赛时间对应的毫秒时间，然后计算出与当前时间的时间差，进而可推算出倒计时时间。需要注意的是，在 Calendar 中，月份是从 0 开始表示的，因此 11 月份使用 10 表示，年和日从 1 开始。具体代码如下所示。

```
import java.util.Calendar;  //引入 Calendar 类
public class CalendarTest {
    public static void main(String[] args) {
        long time1=System.currentTimeMillis();  //使用 time1 表示当前系统毫秒时间
        Calendar calendar=Calendar.getInstance();  //创建 Calendar 实例
        calendar.set(2022,10,21,0,0,0);  //为 calendar 实例设置时间为 2022-11-21 00:00:00
        long time2=calendar.getTimeInMillis();  //获得 calendar 对象所表示的毫秒时间
        long deltaTime=time2-time1;  //变量 deltaTime 表示 time2 和 time1 的时间差
        deltaTime/=1000;  //deltaTime 切换单位为秒
        System.out.println("当前时间是:"+new Date());
        System.out.print("当前时间距离第二十二届世界杯足球赛还有:");  //输出提示文字
        System.out.print(deltaTime/(60*60*24*365)+"年");  //输出倒计时中"年"的时间
        deltaTime %=60*60*24*365;  //deltaTime 为去掉整年后的秒数
        System.out.print(deltaTime/(60*60*24)+"日");  //输出倒计时中"日"的时间
        deltaTime %=60*60*24;  //deltaTime 为去掉整日后的秒数
        System.out.print(deltaTime/(60*60)+"时");  //输出倒计时中"时"的时间
        deltaTime %=60*60;  //deltaTime 为去掉整时后的秒数
        System.out.print(deltaTime/60+"分");  //输出倒计时中"分"的时间
```

```
        System.out.print(deltaTime % 60+"秒");  //输出倒计时中"秒"的时间
    }
}
```

运行程序，输出结果如下所示。

```
当前时间是:Thu Jan 20 16:31:36 CST 2022
当前时间距离第二十二届世界杯足球赛还有:0年304日7时28分24秒
```

小试锋芒

Calendar 类和 Date 类是 Java 提供的表示时间的类，请使用 Calendar 对象获取当前时间，并使用“yyyy-MM-dd HH：mm：ss”格式表示当前的日期和时间。

提示：使用 Calendar 对象的 get()方法返回各项字段值，然后进行输出。

参考代码如下所示。

```
import java.util.Calendar;
public class Format {
    public static void main(String[] args) {
      Calendar calendar=Calendar.getInstance();  //创建 calendar 的实例
      int year=calendar.get(Calendar.YEAR);  //获得年
      int month=calendar.get(Calendar.MONTH)+1;  //获得月
      int day=calendar.get(Calendar.DATE);  //获得日
      System.out.print("当前日期和时间是:"+year+ "-"+month+"-"+day
+" ");  //按格式输出年月日
      System.out.println(calendar.get(Calendar.HOUR) +":"+calendar.get
(Calendar.MINUTE)+":"
            +calendar.get(Calendar.SECOND));  //按格式输出时分秒
    }
}
```

其实，Java提供了按照指定格式来输出日期的类——DateFormat，使用DateFormat类可以轻松地将日期按照各种指定的格式输出，上述输出格式如果使用DateFormat类来实现，可以使用如下代码。

```
import java.text.DateFormat;
import java.text.SimpleDateFormat;
import java.util.Date;
public class DateFormatTest {
    public static void main(String[] args) {
        DateFormat dateFormat=new SimpleDateFormat("yyyy-MM-dd HH:
mm:ss");
        System.out.println("当前时间是:"+dateFormat.format(new Date()));
    }
}
```

第 7 章　继承与多态

继承与多态是面向对象编程的两大重要基本特征，通过继承与多态，程序可以方便地模拟现实世界的事物和情景。

在 Java 程序中，通过继承机制，子类可以复用父类的代码，减少代码冗余，从而提高程序的开发效率以及可维护性；通过多态机制，程序可以在运行时动态地绑定调用的方法，从而大大提高程序设计的灵活性和可扩展性。

7.1 继承

7.1.1 继承的特点

面向对象的继承特性模拟的是现实世界特有的规律。在日常生活中，我们随处可见和父母长相相似的孩子，孩子“继承”了父母的容貌特征，但每个孩子又跟父母有不同之处，面向对象中的继承，便是模拟的这种规律。

我们称被继承的类为“父类”或“基类”，称继承父类的类为“子类”或“派生类”。子类通过继承父类，拥有了父类的属性和方法（private 修饰的除外），同时在子类中可以添加新的属性和方法，以实现扩展。继承的机制实现了父类代码的重用，降低了程序开发的工作量，提高了程序的可维护性。

在 Java 中通过“extends”关键字实现继承。一个子类只允许继承一个父类，而不支持同时继承多个父类。继承的语法格式如下所示。

```
class ChildClass extends FatherClass
```

【例】 定义 Plant 类和 Flower 类，使 Flower 类继承 Plant 类。

Plant 类表示植物，Flower 类表示花。植物具有 name 属性，表示植物的名称，同时具有 activity () 方法，表示光合作用；Flower 类继承了 Plant 类，因此具有 Plant 类的属性和方法，另外，Flower 类还有开花的功能。具体代码如下所示。

```
public class Plant {
    protected String name;  // 定义属性,protected 修饰符表示子类可继承该属性
    Plant(String name) {  // 构造方法
        this.name=name;
    }
    // 此处省略属性的 getter、settter 方法
    protected void activity() {  // 定义 activity 方法,表示植物的活动
        System.out.println("植物"+name+"正在进行光合作用。");
    }
}
public class Flower extends Plant {
    Flower(String name) {  // 构造方法
        super(name);
```

```
    }
    public void bloom() {   // 定义扩展方法,表示开花
        System.out.println(this.name+"开花了。");
    }
    public static void main(String[] args) {
        Flower flower=new Flower("茉莉");  // 定义并生成 Flower 类的对象
        flower.activity();  // 调用 activity 方法
        flower.bloom();  // 调用 bloom 方法
    }
}
```

运行程序，输出结果如下所示。

```
植物茉莉正在进行光合作用。
茉莉开花了。
```

在此例中，Flower 类继承了 Plant 类，因此在 Flower 类中也具有 Plant 类的 name 属性和 activity ()方法，这就是为什么 Flower 类的对象虽然没有定义 activity ()方法却依然可以调用它。

结合示例，总结继承的特点如下。

（1）通过继承，子类可以拥有父类 protected 和 public 的属性和方法。

（2）子类可以在继承父类的基础上，实现自身的扩展，拥有属于自己的属性和方法。

（3）子类只能继承一个父类，不能同时继承多个父类，但是父类可以再继承其他类，实现类 A 继承类 B，类 B 继承类 C 这种多重继承。

7.1.2　方法的重写

使用继承虽然能够使子类拥有父类的方法，避免了重复代码，但有时父类的方法并不适用于子类，这时子类可以重写父类的方法，即子类保留与父类相同的方法名称，但是使用不同的方法实现。

【例】 定义 Plant 类和 Flower 类，并在 Flower 类中重写 Plant 类的 activity ()方法。

Plant 类表示植物，Flower 类表示花。植物具有 name 属性，表示植物的名称，同时具有 activity () 方法，表示光合作用；Flower 类继承了 Plant 类并重写了 activity ()方法。具体代码如下所示。

```
// Plant 类的代码与 7.1.1 相同,此处省略
public class Flower extends Plant {
    Flower(String name) {  // 构造方法
        super(name);
    }
    public void activity() {// 重写父类的 activity 方法,更改访问权限为 public
```

```
        System.out.println("植物"+name+"正在开花。");
    }
    public static void main(String[] args) {
        Plant plant=new Plant("法国梧桐");  // 定义并生成 Plant 类的对象
        Flower flower=new Flower("茉莉");  // 定义并生成 Flower 类的对象
        plant.activity();  // 调用 activity 方法
        flower.activity();  // 调用 activity 方法
    }
}
```

运行程序，输出结果如下所示。

```
植物法国梧桐正在进行光合作用。
植物茉莉正在开花。
```

方法重写的注意事项

在进行方法重写时需要注意以下几点。

(1) 二者（这里指子类中的重写方法与父类中的被重写方法，下同）的参数列表（包括参数类型与参数个数）完全相同。

(2) 基于 Java 5 以上的版本，二者的返回值类型可以不同。

(3) 二者的访问权限可以不同，但子类方法的访问权限不能比父类更低。

(4) 子类不能重写父类中声明为 final 的方法。

7.1.3 super 关键字

当派生类重写了基类的方法后，调用该方法时会自动调用重写的方法，而非被覆盖的方法，那么如何在派生类中调用被覆盖的方法呢？super 关键字代表基类的对象，因此使用“super. 属性/方法”可以调用基类的属性或方法，这样就可以与子类的方法区分开。使用“super ()”还可以直接调用基类的构造方法。

【例】定义 Tree 类继承 Plant 类，并在 Tree 类中使用 super 关键字调用父类的方法。具体代码如下所示。

```
// Plant 类的代码与 7.1.1 相同,此处省略
public class Tree extends Plant {
    Tree(String name) {  // 构造方法
        super(name);  // 调用父类构造方法
    }
    public void activity() {  // 重写父类的 activity 方法,更改访问权限为 public
        System.out.println("木本植物"+name+"正在进行光合作用。");
    }
    public void bud() {  // 定义表示发芽的方法
        super.activity();  // 使用 super 调用父类的方法
        System.out.println(this.name+"开始发芽。");  // 输出
    }
    public static void main(String[] args) {
        Tree tree=new Tree("柳树");  // 定义并生成 Tree 类的对象
        tree.bud();  // 调用 bud()方法
    }
}
```

运行程序，输出结果如下所示。

```
植物柳树正在进行光合作用。
柳树开始发芽。
```

技巧点拨

Object 类

Java 中的 Object 类是所有类的祖先类，如果一个类没有明确继承某个父类，则它将自动继承 Object 类，因此继承 Object 的“extends Object”语句可以省略。

Object 类主要包含 clone()、equals()、toString()等方法，由于 Object 类是所有类的父类，因此所有类都可以调用这些方法。

7.2 多态

多态是面向对象的另一重要特征，多态是指事物的多种形态，例如猫是一种动物，而一只具体的小花猫既具有猫科动物的独有特征，也具有动物的普遍特征，这体现了事物的多种形态。面向对象编程的多态特性模拟的正是现实世界中事物的多种形态特性。

在Java中，多态是指“一种定义，多种实现”，例如同是动物，狗的移动方式是走或跑，鱼的移动方式是游泳，而鸟的移动方式是飞行。类的多态体现在两个方面，一是方法的重载，二是类的上下转型。

7.2.1 方法的重载

在同一个类中，只要保证参数类型或个数不同，就可以具有多个相同名称的方法，这就是方法的重载。一个类中可以包含多个构造方法正是利用了方法重载的原理。调用重载的方法时，通过传入不同的参数，可以得到不同的运行结果，这体现了多态的特性，方法的重载在编译时就已经确定好了，因此通过方法的重载实现的多态特性也称为编译时多态。

【例】 定义动物类Animal，在类中定义move()方法，并实现move()方法的重载。

在Animal类中，move()方法实现动物的移动功能，move(int speed)方法实现动物以speed速度移动的功能。具体代码如下所示。

```
public class Animal {
    protected String name;  // 定义 name 属性
    Animal(String name) {  // 构造方法
        this.name=name;
    }
    // 此处省略属性的 getter、setter 方法
    public void move() {  // 定义 move()方法,实现动物的移动
        System.out.println("动物"+this.name+"在移动。");  // 打印输出
    }
    public void move(int speed) {  // 定义 move(int speed)方法,实现动物以特定速度移动
        System.out.println("动物"+this.name+"在以"+speed+"千米/小时的速度移动。");  // 打印输出
    }
```

```
    public static void main(String[] args) {
        Animal animal=new Animal("蛇");
        animal.move();
        animal.move(12);
    }
}
```

运行程序，输出结果如下所示。

```
动物蛇在移动。
动物蛇在以 12 千米/小时的速度移动。
```

在上述示例中，Animal 类中定义了两个 move()方法，一个不带参数，一个包含 int 型参数，实际调用时，根据传入的参数不同，调用不同的方法以实现不同的功能。

7.2.2　类的上下转型

子类继承父类后，子类拥有父类的属性和方法，因此可以认为子类是父类的一种。例如，狗是动物的一种，我们可以定义 Dog 类继承 Animal 类，这时，Dog 类的实例也可以认为是 Animal 类的实例，但是 Animal 类的实例却不一定是 Dog 类的实例，这是因为子类可以对父类进行扩展，因此父类的实例不一定包含子类定义的属性和方法。

在 Java 中，类的“向上转型”是指将子类的对象赋值给父类对象，而“向下转型”是指将父类的对象赋值给子类对象，由于父类的对象不一定是子类对象，因此进行“向下转型”时需进行强制转换。当对象发生“向上转型”或“向下转型”时，将面临一个新的问题：调用对象的方法时，将执行实际类型对应的方法还是转型后的类型对应的方法呢？

仍以 Dog 类（子类）和 Animal 类（父类）为例，假设 Dog 类中重写了父类中的 move()方法，试看如下代码。

```
Animal animal= new Dog();
animal.move();
```

当通过向上转型将 Dog 类的对象赋值给 Animal 类对象然后调用 move()方法时，是调用 Dog 类的方法，还是 Animal 类的方法呢？答案是 Dog 类的方法。这种在执行期间根据实际类型调用相应方法的技术称为动态绑定技术，它是实现面向对象的多态特性的基础。通过这种方式实现的多态也称为运行时多态。

【例】 定义 Dog 类并使 Dog 类继承 Animal 类，通过 Dog 类对象的向上转型展示 Java 语言面向对象的运行时多态特性，具体代码如下所示。

```
// Animal 类的代码与 7.2.1 相同,此处省略
public class Dog extends Animal {
    Dog(String name) {  // 构造方法
        super(name);  // 调用父类构造方法
    }
    public void move() {  // 定义 move()方法,实现动物的移动
        System.out.println(this.name+"在跑。");  // 打印输出
    }
    public static void main(String[] args) {  // 主方法
        Animal animal1=new Animal("蛇");  // 定义并生成 Animal 类的对象
        Animal animal2=new Dog("泰迪狗");  // 定义并生成 Animal 类的对象,并通过
向上转型将 Dog 类的对象实例赋值给 animal2
        animal1.move();  // 调用 move()方法
        animal2.move();  // 调用 move()方法
    }
}
```

运行程序，输出结果如下所示。

```
动物蛇在移动。
泰迪狗在跑。
```

Dog 类继承 Animal 类，在 Dog 类中重写 move ()方法，在 main ()方法中通过向上转型将 Dog 类的实例赋值给 Animal 对象，实际运行时 animal1 调用的是 Animal 类的方法，而 animal2 调用的则是 Dog 类的方法。

面向对象的多态特性使得我们在开发时只需要关注调用，不需要关注细节。这就是著名的“开闭”原则：对扩展开放，即允许 Animal 类新增子类；对修改关闭，即不需要修改依赖 Animal 类型的代码。

多态特性使得面向对象编程可以更方便地进行扩展。请尝试定义一个AnimalTest类，在该类中定义一个testAnimal(Animal animal)方法，在方法体中调用Animal类对象的move()方法。定义Bird类来继承Animal类，并重写move()方法，观察新增Animal的子类是否会对testAnimal()方法产生影响。

程序代码参考如下。

```
//Animal 类的代码与 7.2.1 相同,此处省略
public class TestAnimal {
    public void testAnimal(Animal animal) {  // testAnimal 方法用于测试 Animal 对象的方法
        animal.move();//调用 move()方法
    }
}
public class Bird extends Animal {
    Bird(String name) {  // 构造方法
        super(name);  // 调用父类构造方法
    }
    public void move() {  // 重写 move()方法
        System.out.println(this.name+"在飞。");  // 打印输出
    }
}
```

编写main()方法，可将main()方法置于TestAnimal或其他类中。

```
public static void main(String[] args) {
    TestAnimal testAnimal=new TestAnimal();
    testAnimal.testAnimal(new Animal("熊"));
    testAnimal.testAnimal(new Dog("泰迪狗"));
    testAnimal.testAnimal(new Bird("麻雀"));
}
```

第 8 章　接口与内部类

类只支持单继承，一个类只能有一个父类，为了打破继承的局限性，使得类的实现更加灵活，Java 提供了接口。一个类可以在继承父类的同时，实现多个接口，这使得类可以更加方便地实现各种功能。接口屏蔽了实现，对外提供统一的规则，降低了程序的耦合性。

内部类是定义在类内部的类，内部类可以访问外部类的所有属性和方法，它可以直接与外部类“通信”，有些时候使用内部类可以使代码更加简洁和清晰。

8.1 接口

8.1.1 抽象类

在实际生活中，我们常常将一些事物进行抽象概括，例如芭蕾舞和街舞都是舞蹈。不同的舞种具有自己独特的特点：芭蕾舞优雅轻盈，街舞动感、即兴、率真，而说起舞蹈，它包含的类型丰富多样，很难直接说明它的具体特点。这里，我们可以认为“芭蕾舞”和“街舞”都是具体的，而“舞蹈”则是抽象的，在Java中，如果一个类具有这种抽象的特征，则可定义其为抽象类，抽象类使用abstract关键字来修饰，Java中定义抽象类的语法格式如下所示。

```
[访问修饰符] abstract class ClassName{
    //类体
}
```

抽象类具有抽象的特性，它没有包含足够的信息来描绘一个具体的对象，因此不能直接实例化一个抽象类的对象，如果使用new来直接创建抽象类的对象，则程序会报错。像普通类一样，抽象类也可以具有成员变量和成员方法，与普通类不同的是，抽象类可以具有抽象方法，抽象方法使用关键字abstract修饰。抽象方法只是一个方法定义，没有具体实现。

抽象类一般作为父类，通过定义子类继承抽象类来扩展或具体化抽象类，如果子类不是一个抽象类，则子类必须实现父类的所有抽象方法。通过向上转型，可以将子类的实例赋值给父类的对象，从而实现多态。

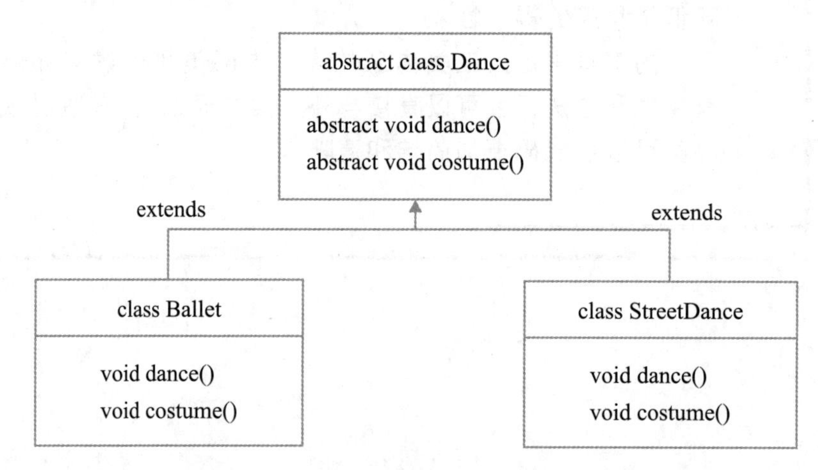

图 8-1　Dance 类、Ballet 类和 StreetDance 类的继承关系

【例】定义表示舞蹈的抽象类Dance，并定义子类Ballet和StreetDance来继承Dance类并实现抽象方法。

Dance类中包含两个抽象方法，分别为表示舞蹈的dance()方法和表示服装的costume()方法，这两个方法在子类中均有具体实现。Dance类、Ballet类和StreetDance类的继承关系如图8-1所示，程序的具体代码如下所示。

```
public abstract class Dance {
    protected String name;  // 定义属性 name
    Dance(String name) {  // 构造方法
        this.name=name;
    }
    // 此处省略属性的 getter、settter 方法
    public abstract void dance();  // 定义抽象方法,表示跳舞
    public abstract void costume();  // 定义抽象方法,表示服装
    public static void main(String[] args) {  //主方法
        Dance danceBallet=new Ballet("芭蕾舞");  // 定义 Dance 类型变量并赋值
        Dance danceStreet=new StreetDance("街舞");  // 定义 Dance 类型变量并赋值
        danceBallet.dance();  // 调用 dance()方法
        danceBallet.costume();  // 调用 costume()方法
        danceStreet.dance();  // 调用 dance()方法
        danceStreet.costume();  // 调用 costume()方法
    }
}
public class Ballet extends Dance {
    Ballet(String name) {  // 构造方法
        super(name);  // 调用父类构造方法
    }
    @ Override
    public void dance() {  // 实现抽象方法
        System.out.println(this.name+"具有优雅轻盈的特点。");  // 打印输出
    }
    @ Override
    public void costume() {  // 实现抽象方法
        System.out.println("表演"+this.name+"时所着服饰为芭蕾舞服装。");  //
打印输出
    }
```

```
    }
    public class StreetDance extends Dance {
        StreetDance(String name) {  // 构造方法
            super(name);  // 调用父类构造方法
        }
        @ Override
        public void dance() {  // 实现抽象方法
            System.out.println(this.name+"具有动感、即兴、率真的特点。");  // 打印
输出
        }
        @ Override
        public void costume() {  // 实现抽象方法
            System.out.println("表演"+this.name+"时所着服饰为休闲服装。");  // 打
印输出
        }
    }
```

运行程序，输出结果如下所示。

```
芭蕾舞具有优雅轻盈的特点。
表演芭蕾舞时所着服饰为芭蕾舞服装。
街舞具有动感、即兴、率真的特点。
表演街舞时所着服饰为休闲服装。
```

抽象类中可以没有抽象方法

包含抽象方法的类一定是抽象类，但是抽象类不一定包含抽象方法。即使不包含抽象方法，抽象类也不能被实例化。另外，类中的静态方法和构造方法不可以被声明为抽象方法。

没有抽象方法的抽象类可用于编写工具类，例如，如果一个工具类中的所有方法都是静态的并且均已实现，这时就没有实例化类对象的必要了，因为不需要通过不同的对象来保存不同的状态，通过类名可以直接调用所有的方法，而将这个类定义为抽象类，则可以防止用户对该类进行实例化。

8.1.2　“纯粹的”抽象类——接口

在图8-1表示的继承关系中，Dance类包含两个抽象方法：dance()方法和costume()方法，它的子类Ballet类和StreetDance类对抽象方法进行了实现，然而在实际应用中常常面临这种情况：从功能上来讲，子类只需要实现部分方法而非全部方法，但是抽象类的语法规则又使子类不得不实现所有的方法，这就为程序代码带来了不必要的冗余。

如果将其中一个方法拆分到一个新的类中固然可以解决冗余，但是类不支持多继承，一个类只能继承一个父类，因此解决这个问题最好的方式是使用接口。

在Java中，接口中包含的所有方法都只有定义而没有方法体（即没有实现），这一点与抽象方法十分相似，因此可以将接口认为是只包含抽象方法的抽象类。

在Java中使用关键字interface来定义一个接口，其语法格式如下所示。

```
[访问修饰符] interface InterfaceName{
     // 声明变量
     // 抽象方法
}
```

接口的访问修饰符可以使用public或者不写，如果不写，则接口具有包访问权限。一个类可以在继承父类的同时，实现多个接口。类通过关键字implements来实现接口，多个接口之间使用逗号分隔。除非这个类是抽象类，否则这个类需要实现接口中定义的所有方法。类实现接口的语法格式如下所示。

```
class ClassName implements InterfaceName1,InterfaceName2,…,InterfaceNameN{
     // 类体
}
```

一个接口可以通过extends关键字继承另一个接口，如下所示。

```
interface InterfaceName1 extends InterfaceName2{
     // 接口体
}
```

【例】定义接口ICostume，将抽象类Dance2中的costume()方法分离到接口中，只保留dance()方法。

Dance2类的子类Ballet2和StreetDance2分别实现Dance2类的抽象方法dance()，同时Ballet2类实现接口ICostume中的costume()方法，这样SteetDance2类无需实现costume()方法，从而避免冗余，各个类与接口之间的关系如图8-2所示。

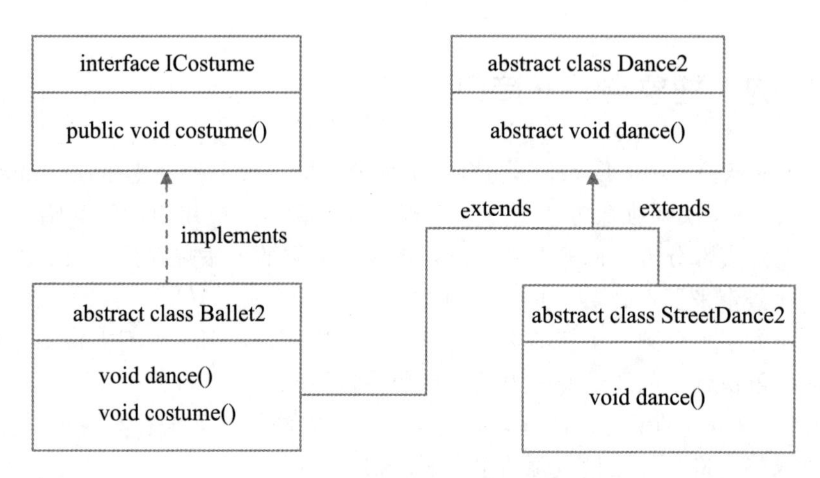

图 8-2　各个类与接口之间的关系

ICostume 接口的具体代码如下所示。

```
public interface ICostume {
    public void costume();      // 定义抽象方法
}
```

类 Dance2、Ballet2 和 StreetDance2 的具体代码如下所示。

```
public abstract class Dance2 {
    protected String name;  // 定义属性 name
    Dance2(String name) {  // 构造方法
        this.name=name;
    }
    // 此处省略属性的 getter、setter 方法
    public abstract void dance();  // 抽象方法，表示跳舞
    public static void main(String[] args) {
        Dance2 danceBallet=new Ballet2("芭蕾舞");  // 创建 Ballet2 的对象并赋值给 danceBallet
        Dance2 danceStreet=new StreetDance2("街舞");  // 创建 StreetDance2 的对象并赋值给 danceStreet
        danceBallet.dance();   // 调用 dance()方法
        danceStreet.dance();  // 调用 dance()方法
        ICostume iCostume=(ICostume) danceBallet;  // 将 danceBallet 对象强制转化为 ICostume 接口的对象
```

```
        iCostume.costume();  // 调用 costume()方法
    }
}
public class Ballet2 extends Dance2 implements ICostume {
    Ballet2(String name) {  // 构造方法
        super(name);  // 调用父类构造方法
    }
    @ Override
    public void dance() {  // 实现抽象方法
        System.out.println(this.name+"具有优雅轻盈的特点。");// 打印输出
    }
    @ Override
    public void costume() {  // 实现抽象方法
        System.out.println("表演"+this.name+"时所着服饰为芭蕾舞服装。");  //
打印输出
    }
}
public class StreetDance2 extends Dance2 {
    StreetDance2(String name) {
        super(name);
    }
    @ Override
    public void dance() {
        System.out.println(this.name+"具有动感、即兴、率真的特点。");
    }
}
```

运行程序，输出结果如下所示。

```
芭蕾舞具有优雅轻盈的特点。
街舞具有动感、即兴、率真的特点。
表演芭蕾舞时所着服饰为芭蕾舞服装。
```

技巧点拨

接口的特点

接口具有以下几个特点。

(1) 接口不能直接实例化，但是可以利用多态机制将实现接口的类的实例赋值给接口类型的变量。

(2) 接口也可以包含成员属性，但是它们默认使用 public static final 修饰。

(3) 接口中的方法默认使用 public abstract 修饰，抽象方法不在接口中实现，而是在实现接口的类中实现。Java 8 之后接口中可以有静态方法（使用 static 关键字修饰）和默认方法（使用 default 关键字修饰），静态方法和默认方法需包含方法体，它们的实现在接口中完成而不是在实现接口的类中完成。

(4) 一个类可以同时实现多个接口。

8.2 内部类

内部类是指将一个类定义在其他类的内部，相当于在一个类中嵌套了另一个类。它的语法格式如下所示。

```
class OuterClassName{// 外部类
    class InnerClassName{// 内部类
    }
}
```

内部类可以直接访问外部类的属性和方法（静态内部类除外），包括私有属性和方法。内部类的实例需绑定在外部类的实例上，因此想要在外部类的静态方法或其他类中创建内部类的实例，需先创建外部类的实例，通过外部类的对象来创建内部类的实例，并具体指明这个对象的类型：OuterClassName. InnerClassName，具体用法请看如下示例。

【例】使用内部类模拟为糖果添加巧克力。

创建外部类 Candy（表示糖果），Candy 类中包含 makeCandy ()方法，表示制作糖果，在 Candy 类的内部创建 Chocolate 类，Chocolate 类中包含 addChocolate ()方法，通过创建外部类的对象和内部类的对象，分别调用 makeCandy ()方法和 addChocolate ()方法，完成制作糖果以及添加巧克力的工作。

具体代码如下所示。

```
public class Candy {
    private String candyName;  // 定义私有属性 candyName
    Candy(String candyName) {  // 构造方法
        this.candyName=candyName;
    }
    public void makeCandy() {  // 制作糖果的方法
        System.out.println("开始制作"+candyName);  // 打印输出
    }
    class Chocolate {  // 内部类
        private String name;  // 定义私有属性 name
        Chocolate(String name) {  // 构造方法
            this.name=name;
        }
        public void addChocolate() {  // 添加巧克力的方法
            System.out.println("添加"+name);
        }
    }
    public static void main(String[] args) {  // 主方法
        Candy candy=new Candy("巧克力糖果");  // 创建 Candy 对象
        candy.makeCandy();  // 调用外部类的方法 makeCandy()
        Candy.Chocolate chocolate=candy.new Chocolate("黑巧克力");  // 通过
外部类的对象创建内部类的对象
        chocolate.addChocolate();  // 调用内部类的方法 addChocolate()
    }
}
```

运行程序，输出结果如下所示。

```
开始制作巧克力糖果
添加黑巧克力
```

手机和平板电脑都属于智能设备，二者具有智能设备的通用功能。除此之外，一些手机内置了 NFC 功能，使得用户可以直接使用手机替代公交卡乘坐公交车，因此手机还具有刷公交卡功能。

定义智能设备类 IntelligentDevice，在类中定义抽象方法 show()用于图像显示。定义手机类 Phone 和平板电脑类 Pad，并使 Phone 类和 Pad 类继承 IntelligentDevice 类并实现 show()方法。

定义接口 INfc，接口中定义 busCard()方法，表示公交卡功能，手机类 Phone 实现该接口，并实现 busCard()方法。

程序代码参考如下。

```
public abstract class IntelligentDevice {
    public abstract void show();
}
public interface INfc {
    public void busCard();
}
public class Pad extends IntelligentDevice {
    @ Override
    public void show() {
        System.out.println("显示图像");
    }
}
public class Phone extends IntelligentDevice implements INfc {
    @ Override
    public void show() {
        System.out.println("显示图像");
    }
    @ Override
    public void busCard() {
        System.out.println("刷公交卡");
    }
}
```

第 9 章　集合类

集合就像一个容器，通常由一组类似数据组成，例如一群学生、一系列的视频、一套纪念册都可以被视作集合。

为了完成不同的功能，Java 中内置了多种集合类型，如 List 集合、Set 集合、Map 集合等，List 集合就像封装的数组，可直接存储各种数据，Set 集合与 List 集合类似，但是不能存储重复数据，而 Map 集合则用于存储映射关系。各个集合类还提供了多种操作数据的方法，如遍历、添加、删除集合中的元素等，使得开发者可以高效地使用集合类。

9.1 Collection 接口

在 Java 中，使用数组可以存储一系列具有相同数据类型的数据，但是数组的长度是不可变的，而且对数组中的数据进行排序或查找都需要编写单独的算法。为了提升用户开发程序的效率，Java 提供了集合类。集合类又称为容器类，用于存储多项数据，而且包含添加元素、删除元素、修改元素等多种常用方法，为用户开发程序提供了便利。

常用的集合类有 List 集合、Set 集合和 Map 集合，它们各自有不同的特点和用处。其中，List 集合与 Set 集合均是 Collection 接口的实现类，它们都实现了 Collection 接口的方法。Collection 接口的常用方法及说明如图 9-1 所示。

add(E e)	将对象e加入到集合中，操作成功返回true，否则返回false
remove(Object o)	从集合中移出对象o，如果有匹配的对象被删除返回true，否则返回false
contains(Object o)	如果集合中包含对象o，返回true，否则返回false
iterator()	返回一个迭代器，迭代器可用于遍历集合中的所有元素
size()	返回集合中元素的个数

图 9-1 Collection 接口的常用方法及说明

9.2 List 集合

9.2.1 List 接口

List 集合包括 List 接口以及 List 接口的实现类。List 接口继承了 Collection 接口，List 集合中的接口和类的继承关系如图 9-2 所示。

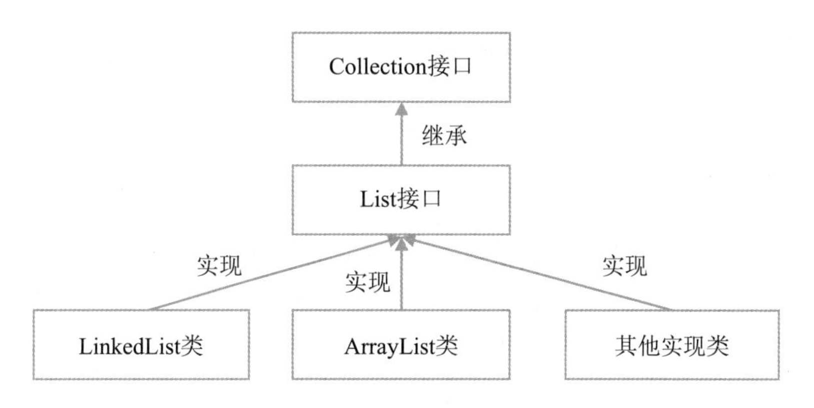

图 9-2　List 集合的继承关系

List 列表中的元素是有序的，数据按照插入顺序排列。List 接口继承了 Collection 接口并进行了扩展，在 List 接口中新增了以下几个常用方法。

get (int index)：该方法根据 index 表示的索引位置获取对应的元素。

set (int index，Object obj)：该方法根据 index 表示的索引位置将该位置的元素更改为 obj 对象。

sort (Comparator＜? super E＞ c)：该方法根据 Comparator 提供的比较方法对列表进行排序。

技巧点拨 >>>

泛型

Collection 接口的定义如下：

public interface Collection＜E＞ extends Iterable＜E＞

这里定义的接口 Collection 继承了接口 Iterable，那么＜E＞表示什么含义呢？

在 Java 中，为了使程序更为通用，提供了泛型机制，泛型的使用方式如下：类名/接口名＜T＞。T 是泛型的名称，表示一种类型，开发者创建泛型类的对象时需要指定 T 具体代表哪种类型，如果不指定，则默认使用 Object 类型。Collection 接口定义中的＜E＞即表示泛型，E 表示集合中元素的类型。

集合类中很多接口和类都采用泛型机制，这样，用户使用集合类时可以根据需要存储各种类型的数据。

9.2.2 ArrayList 类和 LinkedList 类

ArrayList 类和 LinkedList 类都是常用的列表类，二者均实现了 List 接口的所有抽象方法，但是二者的实现机制不同。

ArrayList 类内部使用数组来存储元素，使用的是线性存储的数据结构（图 9-3），这种存储方式使得逻辑关系上相邻的两个元素在物理位置上也相邻，因此使用 ArrayList 类可以根据索引位置对集合元素进行快速的随机访问。但是使用这种数据结构存储数据时，向指定的索引位置插入对象或删除对象都可能需要移动大量的元素，因此执行插入、删除操作时速度较慢。

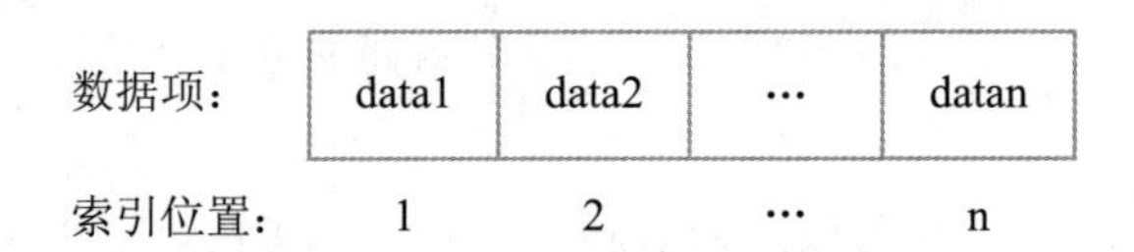

图 9-3　ArrayList 类的数据存储方式

LinkedList 类内部使用双向链表来存储元素（图 9-4），这种存储方式不要求逻辑上相邻的元素在物理位置上也相邻，因此向指定的位置插入对象或删除对象的速度都比较快，但也导致随机访问元素的速度变慢。具体使用时，需根据使用场景选择合适的列表类。

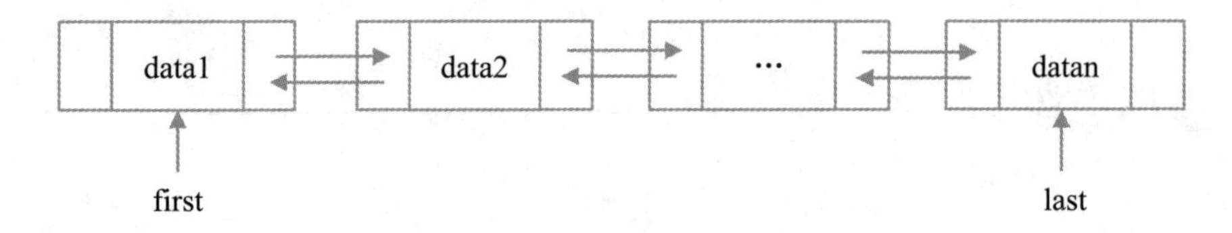

图 9-4　LinkedList 类的数据存储方式

实例化 ArrayList 类和 LinkedList 类的具体方式如下所示。

```
ArrayList<E> list=new ArrayList<E>();
LinkedList<E> list2=new LinkedList<E>();
```

这里，E 指代存储对象的数据类型，可以是 Java 内置的数据类型也可以是用户自定义的数据类型。

技巧点拨 >>>

ArrayList 类与 LinkedList 类的适用场景

当需要频繁随机访问列表中的某个元素，无需进行添加和删除元素的操作或添加和删除元素的操作只在列表末尾进行时，适合使用 ArrayList 类。

当需要频繁地在列表任意位置进行添加和删除操作，而随机访问元素的操作较少或对其实效要求不高时，适合使用 LinkedList 类。

【例】 某公司举办趣味运动会，编写程序按照从高到低的顺序展示参赛运动员的成绩。

定义 Result 类，在该类中定义 name 属性和 score 属性，分别表示参赛运动员的姓名和成绩，使用 ArrayList 列表存储运动员的成绩信息，使用 ArrayList 列表的 sort ()方法按照成绩从高到低的顺序对列表进行排序，最后使用 for each 循环输出参赛运动员的成绩，具体代码如下所示。

```
// Result 类用于存储比赛结果
public class Result {
    private String name;   // 定义 name 属性表示运动员的姓名
    private int score;   // 定义 score 属性表示运动员的比赛成绩
    Result(String name,int score) {   // 构造方法
        this.name=name;
        this.score= =score;
    }
    // 此处省略两个属性的 getter、setter 方法
}

// 定义 Comparator 接口的实现类
public class ResultScoreComparator implements Comparator<Result>{
    @ Override
    public int compare(Result o1,Result o2) {
        // 按照 score 属性比较大小,返回正数表示 o1 大,返回负数表示 o2 大,返回 0 表示相等
        return o1.getScore()-o2.getScore();
    }
}
```

```
public class Sports {
    public static void main(String[] args) {  // 主方法
        ArrayList<Result> resultList=new ArrayList<Result>() ;// 定义并创
建列表对象
        // 向列表中添加元素
        resultList.add(new Result("张阳",88));
        resultList.add(new Result("李明",94));
        resultList.add(new Result("冯瑶",92));
        resultList.add(new Result("赵磊",85));
        // 对列表进行倒序排序
        resultList.sort(new ResultScoreComparator().reversed());
        // 使用 for each 语句循环输出参赛选手和成绩
        for (Result r: resultList){
            System.out.println(r.getName()+" "+r.getScore());
        }
    }
}
```

运行程序，输出结果如下所示。

```
李明 94
冯瑶 92
张阳 88
赵磊 85
```

sort ()方法的参数类型为 Comparator，在列表中想要调用 sort ()方法排序，一般采用以下两种方法。

一种方式是像上述代码那样，通过实现 Comparator 接口的 compare ()方法来对列表进行排序，另一种方式是使列表元素具有“可比较性”。这需要列表元素类型实现 Comparable 接口，并实现该接口的 compareTo ()方法。

9.3 Set 集合

Set 集合与 List 集合的不同之处在于：List 列表中的元素允许重复，而 Set 集合中的元素不允许重复。Set 集合包含 Set 接口以及 Set 接口的实现类。Set 集合中的接口和类的继承关系如图 9-5 所示。

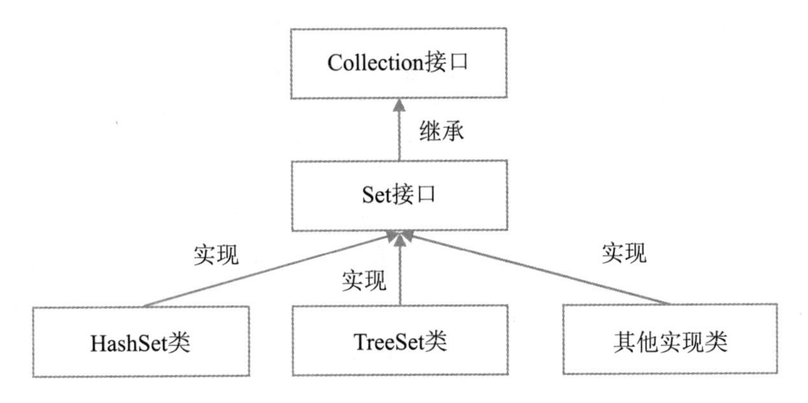

图 9-5　Set 集合的继承关系

HashSet 是为快速查找而设计的 Set 容器，其内部使用 HashMap 实例来存储元素，底层实现为散列函数，存入 HashSet 的对象会根据 hashCode()与 equals()方法来判断是否包含重复对象，因此对于自定义对象可能需要根据需求重写 hashCode()与 equals()方法。使用 HashSet 存储数据可以快速查找某元素。

TreeSet 类不仅实现了 Set 接口，还实现了 java. util. SortedSet 接口，所以 TreeSet 是保持次序的 Set，对 TreeSet 中的数据进行遍历时，将按照递增顺序输出有序序列。

9.4　Map 集合

Map 集合包含 Map 接口以及 Map 接口的实现类，HashMap 和 TreeMap 是 Map 接口的常用实现类，Map 集合中的接口和类的继承关系如图 9-6 所示。

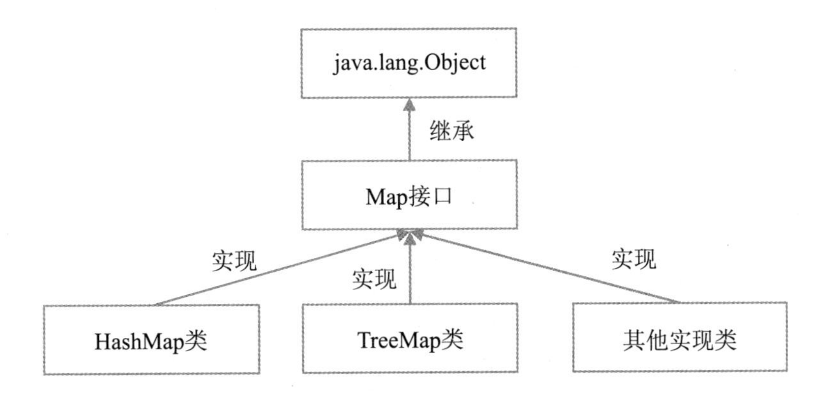

图 9-6　Map 集合的继承关系

Map 集合存储的数据是以“key(键)-value(值)”的映射形式存在的，其中 key 不允许出现重复，一个 key 映射到一个 value 值。Map 接口提供的常用方法见表 9-1。

表 9-1　Map 接口的常用方法

方　　法	说　　明
put(K key,V value)	向集合中添加由 key 和 value 组成的映射关系
get(Object key)	根据指定的 key 值返回对应的 value 值
remove(Object key)	根据指定的 key 值删除对应的映射，并返回相应的 value 值，如果映射不存在则返回 null
entrySet()	返回所有映射的 Set 集合
containsKey(Object key)	判断映射中是否包含指定 key 的映射关系

HashMap 和 TreeMap 都实现了 Map 接口，二者均实现了 Map 接口中的方法。HashMap 是基于哈希表（也叫散列表，是一个数据结构）实现的，它允许使用 null 作为 key 和 value，但是必须保证 key 的唯一性。HashMap 可根据 key 快速查找对应的映射，但是 HashMap 中的数据是无序的。TreeMap 既实现了 Map 接口，也实现了 java. util. SortedMap 接口，TreeMap 中的映射关系是按照 key 的大小进行排列的，所以 TreeMap 中不允许使用 null 作为 key。与 HashMap 相比，TreeMap 需要维护映射关系的顺序，因此在进行添加、删除映射关系时，性能稍差。

【例】使用 HashMap 存储咖啡名称和对应的价格。

某咖啡店有多种咖啡，使用 HashMap 存储该咖啡店的咖啡名称和价格，并将其全部输出。具体代码如下所示。

```
public class Coffee {
    public static void main(String[] args) {
        Map<String, Integer> coffeeMap=new HashMap<String, Integer>();  //
定义并创建 coffeeMap 对象
        // 向 coffeeMap 中添加数据
        coffeeMap.put("拿铁咖啡",35);
        coffeeMap.put("卡布奇诺",33);
        coffeeMap.put("美式咖啡",30);
        // 使用 for each 语句遍历 coffeeMap
        for (Map.Entry<String,Integer> entry:coffeeMap.entrySet()) {
            System.out.println("名称:"+entry.getKey()+"价格:"+entry.
getValue());
        }
        // 利用 Map 的 get()方法,根据 key 获取 value 值
        System.out.println("卡布奇诺的价格是:"+coffeeMap.get("卡布奇诺"));
    }
}
```

运行程序，输出结果如下所示。

```
名称:拿铁咖啡 价格:35
名称:卡布奇诺 价格:33
名称:美式咖啡 价格:30
卡布奇诺的价格是:33
```

9.5　其他集合类

9.5.1　栈

栈（Stack）是一种数据结构，它是一种特殊的线性表，表头即栈底，表尾即栈顶，在栈中只能在栈顶进行插入或删除操作，因此栈具有后进先出的特性。想象存在一个单口开的羽毛球筒，每次只能从筒口放入或者取出羽毛球，最后放入的羽毛球会最先被取出（图 9-7）。java.util 包中包含了 Stack 类，实现了栈的各种方法，栈包含的常用方法见表 9-2。

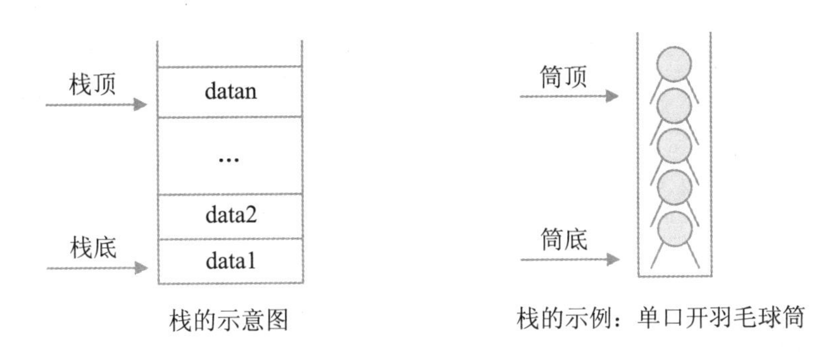

图 9-7　栈的示意图与示例图

表 9-2　栈的常用方法

方　法	说　明
push(E item)	向栈顶添加指定的元素 item，并返回 item
pop()	弹出栈顶元素，并将该元素返回
peek()	返回栈顶元素
empty()	判断栈是否为空，如果栈内没有元素返回 true，否则返回 false

9.5.2 队列

队列与栈相反，它是一种先进先出的线性表，它在队列的尾端插入元素，在首端删除元素，这就如同日常生活中的排队，先来的先离开，后来的排在队尾（图 9-8）。

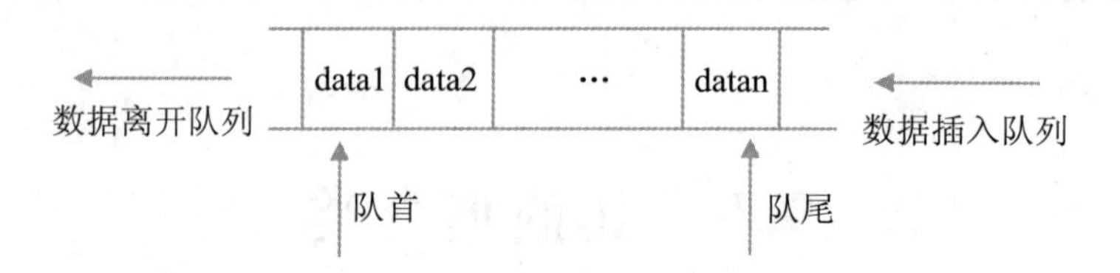

图 9-8 队列示意图

java.util 包中提供了 Queue 接口，LinkedList 类实现了 Queue 接口，因此可以把 LinkedList 类当成队列使用。Queue 接口的常用方法见表 9-3。

表 9-3 Queue 接口的常用方法

方　法	说　明
add(E e)	向队列中添加指定元素 e
E poll()	删除并返回队首元素，如果队列为空，则返回 null
E peek()	查看（但不删除）并返回队首元素，如果队列为空，则返回 null

栈与队列

栈与队列都可以认为是特殊的线性表，存储在栈中的数据是后进先出，而存储在队列中的数据则是先进先出，二者都有广泛的用途。例如，栈可用于表达式求值以及实现递归，队列可用于作业调度等。

9.6 算法

算法是针对某些特定问题的解决步骤的一种描述，是一系列的清晰指令。为了方便用户开发，提升程序开发效率，Java 的集合类提供了常用的一些算法，如 9.2.2 的示例中演示的排序就是一种算法。Collections 类中还提供了其他操作集合的算法，这些算法列举如下。

```
static <T extends Comparable<? super T>> void sort(List<T> list)
```

该算法针对 list 列表中的元素进行排序，要求 list 列表中的元素类型实现 Comparable 接口。

```
public static <T> void sort(List<T> list,Comparator<? super T> c)
```

该算法根据比较器 c 提供的元素比较大小的方法，对 list 列表中的元素进行排序。

```
public static <T> int binarySearch(List<? extends Comparable<? super T>>
list,T key)
```

该算法利用二分查找思想，返回 list 列表中元素 key 的下标。

```
public static <T> T min(Collection<? extends T> coll,Comparator<? super T> comp)
public static <T> T max(Collection<? extends T> coll,Comparator<? super T> comp)
```

这两个算法分别获取集合中的最小元素和最大元素。

```
public static <T> void copy(List<? super T> dest,List<? extends T> src)
```

该算法将 src 列表中的元素复制到 dest 列表的相应位置上，dest 列表的长度需大于或等于 src 列表的长度。

```
public static void reverse(List<?> list)
```

该算法逆置 list 列表中元素的顺序，例如列表内容为 [1, 5, 4, 8]，逆置后的列表内容为 [8, 4, 5, 1]。

除了使用 Java 提供的算法，用户也可以编写自己定义的算法，在实际使用时，应尽可能使用接口，而不使用具体的实现，这样可以减少后期修改和维护的工作量。

现存在一个字符串，字符串内容为“One World One Family”。请统计这个字符串中26个英文字母（不区分大小写）分别出现的次数。

程序代码参考如下。

```
public class Count {
    public static void main(String[] args) {
        String str="One World One Family";     // 待测试字符串
        // 定义 chMap 用于统计字符出现次数,key 为字符,value 为字符出现次数
        Map<Character,Integer> chMap=new HashMap<Character,Integer>();
        Character ch;  // 定义字符变量 ch 用于表示字符串中出现的字符
        Integer count;  // 定义整型变量 count 用于统计字符出现的次数
        str=str.toLowerCase();  // 将字符串转为小写
        for (int i=0; i <  str.length();i++) {  // 循环字符串
            ch=str.charAt(i);  // 获取字符
            count=chMap.get(ch);  // 获取字符出现次数
            if (Character.isLetter(ch)) {  // 如果字符是 26 个英文字母
                // 如果 count 值为 null,则将<ch,1> 存入 chMap 中,否则存入<ch,
count+1>
                chMap.put(ch, count==null?1:count+1);
            }
        }
        // 输出 chMap 中的统计结果
        for (Map.Entry<Character, Integer> entry:chMap.entrySet()) {
            System.out.println("字母"+entry.getKey()+"出现次数为:"+
entry.getValue());
        }
    }
}
```

第 10 章　异常与调试

程序在编译和运行过程中可能会出现各种各样的错误，这些错误就是异常。Java 有完善的异常机制，出现异常时，可以捕获并处理异常也可以抛出异常，除此之外开发者还可以自定义异常。

在开发程序的过程中，当程序的执行结果与预期不符或者出现异常时，开发者需要查看运行过程中各变量与表达式的值是否符合预期，这就用到调试技术。熟练掌握调试技术，可以帮助开发者快速找出产生问题的原因，定位错误代码。

10.1 认识异常

在理想状态下，程序会按照我们的预期正常运行，不会出现问题，但是在程序实际运行过程中，出现意外是在所难免的，这种程序在运行过程中出现的意外情况就是异常。

异常可能是语法错误，这种情况在开发阶段就能发现，例如使用 Eclipse 编写程序时，如果出现语法错误，Eclipse 会在错误代码下方标注红线进行提醒，这种异常比较明显，在开发阶段即可改正。

还有一种异常在程序运行时才会出现，如进行数学运算时除数为零、索引越界、用户输入的数据格式错误、试图打开的文件不存在等，这些异常如果不进行处理，程序会直接终止，影响用户体验。

Java 语言采用面向对象的编程思想，因此异常也是以类的形式出现的。Java 中的异常类都派生于 Throwable 类，异常类的继承关系如图 10-1 所示。

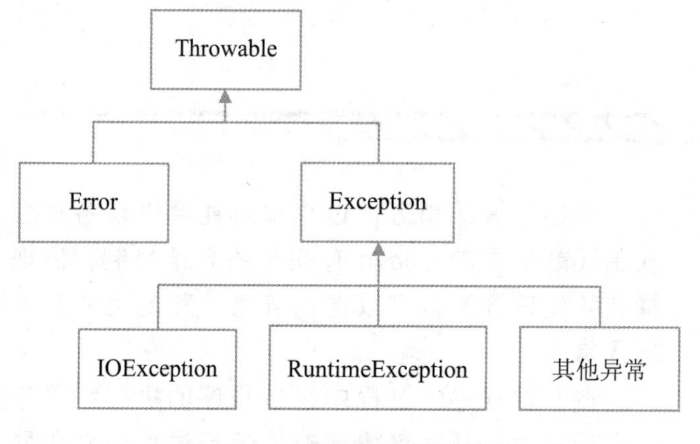

图 10-1 异常类的继承关系

从图 10-1 中可以看到，Throwable 类下有两个分支：Error 和 Exception。

当程序运行时，系统内部产生错误或者资源耗尽产生错误，通常会抛出 Error 异常。这种异常属于系统异常，应用程序不应该抛出这种异常。

开发者编写的程序抛出的异常通常为 Exception 异常（表 10-1），它的派生类中常用的异常有 IOException 异常和 RuntimeException 异常。其中，IOException 异常是指由于输入/输出错误导致的异常，而由程序错误导致的异常通常为 RuntimeException 异常，如访问空指针、索引越界等。

表 10-1 常见的异常类

异常类	父 类	说 明
ClassCastException	RuntimeException	类型转换异常
ArithmeticException	RuntimeException	算数异常
IndexOutOfBoundsException	RuntimeException	下标越界异常
NullPointerException	RuntimeException	空指针异常
FileNotFoundException	IOException	文件未找到异常
EOFException	IOException	文件已结束异常
SocketException	IOException	套接字异常

【例】 输出字符串中第五个字符。

创建字符串 str，并为其赋值“abcd”，调用字符串的 charAt ()方法，获取字符串中第五个字符，具体代码如下。

```
public class TestIndex {
    public static void main(String[] args) {  // 主方法
        String str="abcd";  // 定义并创建字符串对象
        System.out.println(str.charAt(4));  // 调用 charAt()方法,索引下标从 0
开始
    }
}
```

字符串“abcd”的长度为 4，索引范围为 0～3，因此获取索引值为 4 的字符时程序出现字符串索引越界异常。运行程序，控制台直接出现以下异常信息，程序终止。

```
Exception in thread "main" java.lang.StringIndexOutOfBoundsException: String
index out of range:4
        at java.base/java.lang.StringLatin1.charAt(StringLatin1.java:48)
        at java.base/java.lang.String.charAt(String.java:1512)
        at com.book.ch10.TestIndex.main(TestIndex.java:6)
```

上述程序在出现异常后直接终止运行。在实际项目开发过程中，为了获得更好的用户体验，出现异常时可采用以下方式进行处理：告知用户发生了异常，并返回到一种安全状态，让用户可以执行其他操作；或者允许用户保存操作结果并退出。而要实现这种良好互动，就需要针对可能出现的异常进行相应的处理。

10.2 捕获异常

当程序中出现异常时如果不进行处理，程序会立刻终止执行，位于异常代码之后的程序也不会继续执行，为了获得更好的交互体验，程序需要捕获异常，并针对异常进行特殊处理。在Java中捕获异常的语法格式如下所示。

```
try{
    //程序代码块
}catch(Exceptiontype1 e){
    //对Exceptiontype1的处理
}catch(Exceptiontype2 e){
    //对Exceptiontype2的处理
}…
finally{
    //程序代码块
}
```

捕获异常语句由try、catch、finally三部分组成，它们可以构成try…catch语句、try…finally语句，也可构成try…catch…finally语句。

try语句块中存放可能发生异常的语句，catch语句块用于捕获产生的异常，并针对异常进行相应的处理，finally语句块中存放必须执行的语句，无论是否出现异常，finally语句块都将被执行。

【例】输出字符串中第五个字符，并在程序出现异常时捕获异常。

定义字符串并调用charAt()方法获取字符串的第五个字符然后进行输出，当因为下标越界而产生异常时，捕获异常并输出异常原因。具体代码如下所示。

```
public class TestIndex2 {
    public static void main(String[] args) {//主方法
        String str="abcd";  //定义并创建字符串对象
        char c;
        try {  //捕获异常的try语句
            c=str.charAt(4);  //调用charAt()方法
            System.out.println("字符串str的第五个字符为"+c);  //输出第5个字符
        } catch (StringIndexOutOfBoundsException e) {  //捕获异常的catch语句
            System.out.println("字符串str的长度为"+str.length()+",所以无法输
出第5个字符。");  //输出异常信息
```

```
        } finally {
            System.out.println("执行了一次输出字符操作。");
        }
    }
}
```

运行程序，输出结果如下所示。

```
字符串 str 的长度为 4,所以无法输出第 5 个字符。
执行了一次输出字符操作。
```

从输出结果可以看出，程序首先执行了 try 语句块，产生异常后执行了 catch 语句块的内容，最后执行了 finally 语句块的内容。

如果在一个方法中产生的异常不需要立即处理，那么可以在方法声明处使用 throws 关键字将异常抛出，这样异常将交由调用该方法的程序来处理，具体使用方法如下例所示。

【例】 在方法中抛出异常。

定义 getChar()方法，实现获取字符的功能，并抛出异常，在 main()方法中调用 getChar()方法，捕获 getChar()方法抛出的异常并处理异常。具体代码如下所示。

```
public class TestIndex3 {
    public static void main(String[] args) {   // 主方法
        try {
            getChar();// 调用 getChar()方法
        } catch (StringIndexOutOfBoundsException e) {
            System.out.println("getChar()方法出现下标越界异常");  // 打印输出
        }
    }

    public static void getChar() throws StringIndexOutOfBoundsException {
        String str="abcd";  // 定义并创建字符串对象
        char c=str.charAt(4);  // 调用 charAt()方法获取第 5 个字符(下标为 4)
        System.out.println("字符串 str 的第 5 个字符为"+c);  // 输出第 5 个字符
    }
}
```

运行程序，输出结果如下所示。

```
getChar()方法出现下标越界异常
```

使用异常时的注意事项

在编写程序时，针对可能出现异常的代码需要进行异常处理，通常的做法是捕获异常或者抛出异常，在对异常进行处理的过程中，需要注意以下几点。

（1）不要过度使用异常。异常处理可以增强程序的健壮性，但同时降低了程序的效率，因此需要合理适度使用异常。

（2）使用 try…catch…finally 语句时，不要在 try 语句块中放置大量的代码。虽然这样操作使得代码编写更加简单，但是这样会增加 try 语句中出现异常的概率，加大定位异常的难度。

（3）使用 catch 语句时，应尽量避免直接使用 catch (Exception e)，而是通过 catch 语句捕获具体的异常，这样可以对不同的异常进行分类处理。

10.3 自定义异常

当 Java 内置的异常无法满足需求时，开发者也可以自定义异常，自定义异常需继承 Exception 类或 Exception 类的子类。自定义异常的捕获和处理方法与其他异常并无不同。

【例】 某公司后勤部采购了一批日用品，打算平均分给所有员工。程序根据输入的日用品数量和员工人数计算每位员工可以分得多少日用品。

创建自定义异常类 DataException，用于表示数据异常。当输入的日用品数量或者输入的员工人数小于等于零时，抛出 DataException 异常。具体代码如下所示。

```
public class DataException extends Exception {   // 自定义 DataException 类
    public DataException(String message) {   // 构造方法
        super(message);  // 调用父类构造方法
    }
}

public class TestDataException {
```

```
    public static void main(String[] args) {   // 主方法
        try {
            distributeThings();   // 调用 distributeThings()方法
        } catch (DataException e) {   // 捕获 DataException 异常
            System.out.println(e.getMessage());   // 输出异常提示信息
            e.printStackTrace();   // 输出异常产生的路径
        }
    }
    public static void distributeThings() throws DataException {
        System.out.println("请输入日用品件数:");   // 输出提示语
        Scanner sc=new Scanner(System.in);   // 创建输入对象
        int numThings=sc.nextInt();   // 获取输入的整数
        System.out.println("请输入员工人数:");   // 输出提示语
        int numPeople=sc.nextInt();   // 获取输入的整数
        if (numPeople<=0 || numThings<=0) {   // 如果输入数据异常
            throw new DataException("输入的日用品件数和员工人数都不能小于等于
0!");   // 抛出异常
        }
            System.out.println("每位员工可以分得的日用品件数为:"+numThings/
numPeople);   // 输出信息
    }
}
```

运行程序，输出结果如下所示。

```
请输入日用品件数:
300
请输入员工人数:
0
输入的日用品件数和员工人数都不能小于等于 0!
com.book.ch10.DataException:输入的日用品件数和员工人数都不能小于等于 0!
    at com.book.ch10.TestDataException.distributeThings(TestDataException.
java:22)
    at com.book.ch10.TestDataException.main(TestDataException.java:8)
```

技巧点拨

使用自定义异常的好处

在本节的示例中创建了自定义异常 DataException，该异常用于表示当输入的数据不符合要求时产生的异常。自定义异常使用起来与 Java 内置的异常并无不同，那么为什么要使用自定义异常呢？

首先，自定义异常可以与 Java 内置异常方便地进行区分，当产生异常时可以帮助开发者更快地定位产生异常的代码位置和原因。其次，使用自定义异常可以灵活地定义和处理异常信息，为开发者带来更多便利。

10.4 断言

断言断定某条件为真，如果不为真，则抛出 AssertionError 异常，因此它常常用来确认某个属性或变量符合要求。在 Java 中使用 assert 关键字来表示断言，该关键字是在 JDK 1.4 中引入的。断言的语法格式如下所示。

```
assert 条件;
或
assert 条件:表达式;
```

断言对条件进行计算，如果结果为 true，则继续执行后续代码，如果结果为 false，则直接抛出 AssertionError 异常。其中，第二种形式会将表达式的值转换为一个字符串，并传入 AssertionError 的构造器。

通过断言的定义，让我们联想到 if 语句，使用 if 语句也可以完成对条件的判断功能。其实，断言的逻辑功能也可以通过 if 语句实现，如下所示。

```
if(条件){
    throw new Exception("");
}
```

使用 if 语句实现这段功能，代码会一直保留在程序中，即使测试完毕也不会自动地删除，如果程序中包含大量的这种检查，会影响程序的执行速度。而断言机制的好处在于通过断言实现的检测语句只在测试期间有效，当代码发布时，断言的检测语句将会被自动移除。

【例】 断言变量 x 是一个非负数值。具体代码如下所示。

```
public class TestAssert {
    public static void main(String[] args) {   // 主方法
        int x=-1;  // 变量
        assert x>=0:"x 的内容小于 0";  //断言 x 大于等于 0
        System.out.println("x 的值为:"+x);
    }
}
```

直接运行会发现断言并没有执行，这是因为在默认情况下，断言是被禁用的。想要开启断言机制需要在运行程序时使用-enableassertions 或-ea 选项来启用断言，使用命令行开启断言的形式如下：java -ea MyClass。

开启断言后，重新运行程序，输出结果如下所示。

```
Exception in thread "main" java.lang.AssertionError:x 的内容小于 0
    at com.book.ch10.TestAssert.main(TestAssert.java:6)
```

在上述示例中，如果 x 的值为大于等于 0 的数值，则程序将正常运行并输出 x 的值。

断言可用于检测数据是否符合要求，当代码发布后，断言语句会被自动去除，因此断言检查只用于开发和测试阶段来确定程序内部的错误位置，不能通过断言向程序的其他部分通告发生了错误，也就是说不能使用断言来完成程序的逻辑功能。

技巧点拨

在 Eclipse 中如何启用断言

开启断言需要添加-ea 选项，那么在 Eclipse 中如何进行配置呢？

在 Eclipse 中开启断言可按如下方式配置：选择菜单 Run—Run Configurations 打开“Run Configurations”对话框，在左侧选中对应的 Java Application，右侧点击“(x)＝Arguments”标签，在“VM arguments”中添加-ea，点击“Apply”按钮，即可开启断言。

10.5 日志

在编写程序时，如果程序的结果与预期不符，最常用的办法就是在程序中使用 System. out. println () 方法将某些变量或表达式输出，观察程序运行过程中数据的值是否符合预期。一旦发现了问题的根源，还需要将这些语句删除。如此反复操作，为开发者增添了很多麻烦。

为了解决这个问题，Java 语言提供了日志功能。java. util. logging 包是 JDK 提供的日志包，使用该包下的 Logger 类可以方便地输出各种日志信息。使用日志可以完全替代 System. out. println ()语句，而且日志还具有以下多项优点。

（1）可以设置输出样式。

（2）日志可以分级别，同时可以设置输出级别。例如，只输出 WARNING 及以上级别的日志，而低于 WARNING 级别的日志则不输出。使用此方法可以方便地开启或关闭调试信息。

（3）日志记录可以采用多种输出媒介，如输出到控制台或文件等。

（4）日志记录可以采用不同的方式格式化，如纯文本或 XML。

通常，日志记录分为以下几个级别（从严重到普通）：SEVERE、WARNING 、INFO、CONFIG、FINE、FINER、FINEST。

【例】将用户登陆信息通过日志进行输出。

使用程序模拟用户登陆过程，假设用户名和密码分别为“admin”和“123456”。当用户登陆成功时输出 info 信息，当用户登陆失败时输出 warning 信息和用户输入的用户名与密码，在程序的最后输出 fine 信息和 severe 信息。

```
public class TestLog {
    public static void main(String[] args) {
        Logger logger=Logger.getGlobal();  // 获取 Logger 对象
        logger.info("用户开始登录。");  // 调用 info()方法输出 info 信息
        System.out.println("请输入用户名:");  // 输出提示语
        Scanner sc=new Scanner(System.in);  // 创建输入对象
        String user=sc.next();  // 获取用户输入的用户名
        System.out.println("请输入密码:");  // 输出提示语
        String pwd=sc.next();  // 获取用户输入的密码
        if ("admin".equals(user) && "123456".equals(pwd)) {  // 判断用户名和密
码是否正确
```

```
            logger.info("用户登陆成功!");   // 调用 info()方法输出 info 信息
        } else {
            logger.warning("用户名或密码错误!");  // 调用 warning()方法输出 warning
信息
        }
        logger.fine("fine 级别的信息通常不会显示。");  // 调用 fine()方法输出
fine 信息
        logger.severe("程序将结束!");  // 调用 severe 方法输出 severe 信息
    }
}
```

运行程序，输入用户名“admin”和错误密码“123”，输出结果如下所示。

```
3 月 01,2022 5:16:01 下午 com.book.ch10.TestLog main
信息:用户开始登录。
请输入用户名:
admin
请输入密码:
123
3 月 01,2022 5:16:05 下午 com.book.ch10.TestLog main
警告:用户名或密码错误! 输入的用户名为:admin;输入的密码为:123
3 月 01,2022 5:16:05 下午 com.book.ch10.TestLog main
严重:程序即将结束!
```

从输出结果可以看到，调用 fine()、info()、warning()、severe()等方法，会自动记录日志产生的时间，同时，会输出“信息”“警告”等标识。在程序的最后调用了 fine()方法和 severe()方法，但是 fine()方法的内容并没有输出，这是因为日志默认只处理 info 以及 info 以上级别的信息，如果想处理更低级别的信息，需要修改日志处理器的配置。

在开发程序的过程中，出现异常时最好将异常信息写入日志，这样项目维护人员通过查看和分析日志即可定位产生异常的程序代码，从而找出异常产生的原因并解决异常。

想要完成记录日志功能，除了可以使用 JDK 提供的日志包，还可以使用第三方日志库和框架，如 Commons Logging、Log4j 等，相比于 JDK 的日志包，这些框架提供了更强大的日志功能。

10.6 调试技术

为了方便开发者查看程序运行过程中各单元的运行状况，Eclipse 等开发工具提供了调试功能，启用调试功能可以在程序中设置断点，实现程序的单步执行，并可直接查看各个变量和表达式的值，方便开发者分析错误原因，从而定位错误代码。

10.6.1 设置断点

断点是让程序中断的点，程序执行到断点处会自动暂停执行，方便开发者查看程序在断点处的各个变量和表达式的值。

在 Eclipse 中设置断点十分简单，在想要中断的代码行号前的空白处双击鼠标，会出现一个小圆点，这就是断点，如图 10-2 所示。再次双击断点，小圆点消失，表示断点取消。一个程序中可以设置多个断点。

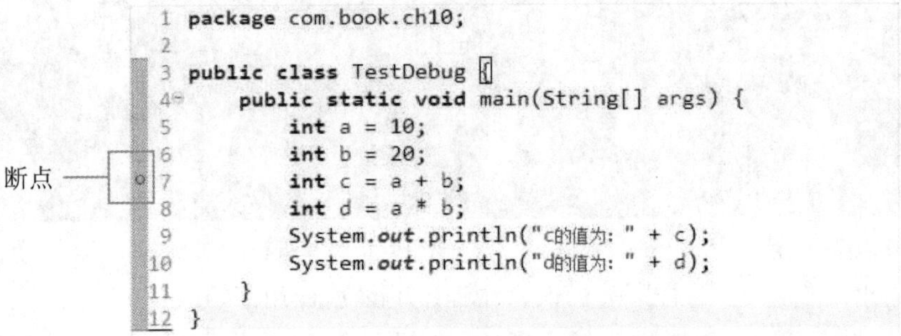

```
1  package com.book.ch10;
2
3  public class TestDebug {
4      public static void main(String[] args) {
5          int a = 10;
6          int b = 20;
7          int c = a + b;
8          int d = a * b;
9          System.out.println("c的值为: " + c);
10         System.out.println("d的值为: " + d);
11     }
12 }
```

断点

图 10-2　通过双击鼠标设置断点

10.6.2 程序调试

在 Eclipse 中设置完断点之后，想要让断点发挥作用，需要让程序以调试方式运行。在 Java 文件的空白处单击鼠标右键，在弹出的快捷菜单中选择 Debug As—Java Application，程序就进入调试运行模式了。在调试运行模式下会默认打开调试视图，出现变量、断点和表达式标签，界面如图 10-3 所示。

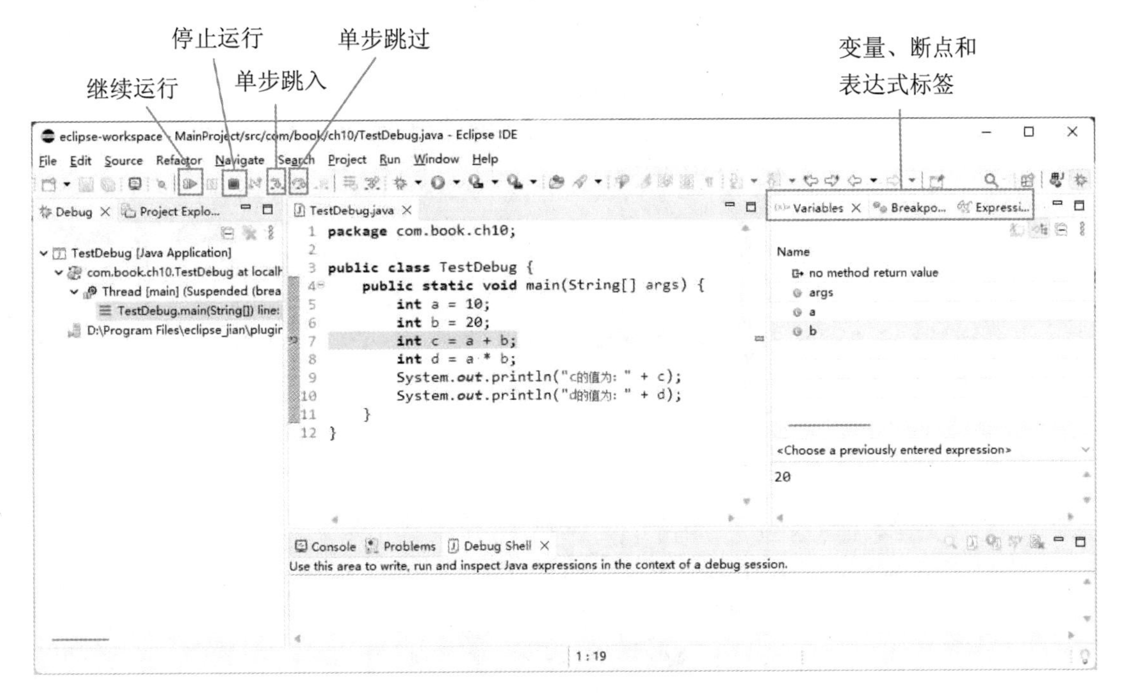

图 10-3　调试视图

使用调试模式启动运行程序，程序在断点处暂停，在变量和表达式标签中可以方便地查看当前程序中变量和表达式的值。

在断点处暂停后，想要继续执行程序，可以使用以下四个工具按钮。

（1）继续运行按钮。单击此按钮后，程序将执行到下一个断点处，如果已经是最后一个断点，则直接运行到程序结束。

（2）停止运行按钮。单击此按钮后，程序结束运行。

（3）单步跳入按钮。单击此按钮后，程序将进入调用方法的内部单步执行。

（4）单步跳过按钮。单击此按钮后，程序将执行一行程序代码，即使该行程序代码是调用某方法，也不会进入方法内部。

姓名列表中存放着“李明”“李明”“王强”“赵颖”4个姓名，下面的程序想要将姓名为“李明”的字符串全部从列表中删除，但是却只删除掉了一个，你能通过调试技术分析是什么原因导致的这个结果吗？

程序代码参考如下。

```
public class Test {
    public static void main(String[] args) {
        ArrayList<String>nameList=new ArrayList<String>();
        nameList.add("李明");
        nameList.add("李明");
        nameList.add("王强");
        nameList.add("赵颖");
        System.out.println("删除前的列表名单:"+nameList);
        for (int i=0; i<nameList.size(); i++) {
            if ("李明".equals(nameList.get(i))) {
                nameList.remove(i);
            }
        }
        System.out.println("删除后的列表名单:"+nameList);
    }
}
```

运行程序，输出结果如下所示。

```
删除前的列表名单:[李明,李明,王强,赵颖]
删除后的列表名单:[李明,王强,赵颖]
```

第 11 章 Java I/O

变量、数组、对象等都可以用来存储数据，但是使用这些结构来存储数据，当程序结束时，数据占用的内存空间就会被释放，数据内容就会丢失。如果想要长久地保存数据，可以将数据存储到磁盘文件中，这样即使程序结束了，数据依然存储在磁盘文件中，不会丢失。

I/O 是 Input/Output 的缩写，指输入/输出，通过 I/O 接口，可以实现数据的读取和写入操作。java. io 工具包中提供了很多 Java 的 I/O 操作，如操作文件的 File 类、输入流 InputStream 类、输出流 OutputStream 类等。

11.1 文件操作

Java 语言中内置了 File 类来操作文件，通过 File 类可以获取文件的所在目录、文件名、文件大小等基本信息，还能实现文件的创建、删除、重命名等功能。

想要操作文件，首先要创建一个 File 类的对象，File 类提供了多个构造方法，最常用的有如下 3 种。

```
File(String pathname)
```

参数 pathname 表示包含文件名的路径名称，该构造方法根据传入的路径名称创建文件对象。

```
File(String parent,String child)
```

参数 parent 表示父路径，child 表示子路径，该构造方法根据传入的父路径和子路径创建文件对象。

```
File(File f,String child)
```

参数 f 表示父文件对象，child 表示子路径，该构造方法根据父文件对象和子路径创建文件对象。

根据路径和文件名称可以创建出文件对象，如果该文件不存在，可以通过 createNewFile()方法创建文件。

【例】分别使用三种构造方法创建三个文件对象，并利用文件对象在 D 盘根目录下创建“1. txt”“2. txt”“3. txt”三个文件。具体代码如下所示。

```
public class CreateFile {
    public static void main(String[] args) {  // 主方法
        // 分别使用三种构造方法创建三个文件对象。对于 Microsoft Windows 平台,路径
分隔符既可以使用"/",也可以使用"\\"
        File file1=new File("D:/1.txt");
        File file2=new File("D:/", "2.txt");
        File file3=new File(new File("D:/"), "3.txt");
        try {
            // 使用三个文件对象分别创建文件
            file1.createNewFile();
            file2.createNewFile();
            file3.createNewFile();
```

```
        } catch (IOException e) {
            e.printStackTrace();// 打印异常信息
        }
    }
}
```

运行程序，发现在 D 盘根目录下分别创建了“1. txt”“2. txt”“3. txt”三个文件。

上述示例展示了在 Java 中如何创建 File 类文件对象并使用文件对象创建文件的方法，除此之外，File 类还具有很多其他的操作文件、获取文件信息的方法，部分常用方法见表 11-1。

表 11-1　File 类中常用的操作文件的方法

方　　法	说　　明
canRead ()	如果文件是可读的，则返回 true，否则返回 false
createNewFile ()	当且仅当指定名称的文件不存在时，创建一个新的空文件，创建成功返回 true，否则返回 false
delete ()	删除指定的文件或文件夹
exists ()	当指定的文件或文件夹存在时返回 true，否则返回 false
getAbsolutePath ()	获取文件的绝对路径
getParent ()	获取文件的父路径
length ()	返回文件的长度（以字节为单位）

【例】使用 File 类文件对象获取 D 盘根目录下“1. txt”文件的各种信息，然后将该文件删除。具体代码如下所示。

```
public class GetFileInfo {
    public static void main(String[] args) {
        String dir="D:/1.txt";  // 定义字符串变量 dir,表示文件路径
        File file=new File(dir);  // 创建文件对象
        if (file.exists()) {  // 如果文件存在
            System.out.println("文件的名称为:"+file.getName());  // 输出文件名称
            System.out.println("文件的绝对路径为:"+file.getAbsolutePath());
// 输出文件路径
            System.out.println("文件的大小为:"+file.length()+"字节");  // 输
出文件的大小
            System.out.println("即将执行删除文件操作……");  // 输出提示语
```

```
            boolean isDel=file.delete();  // 执行文件删除操作
            if (isDel) {  // 如果 isDel 为 true
                System.out.println("文件删除成功!");  // 输出文件删除成功的提示语
            } else {  // 否则
                System.out.println("文件删除失败!");  // 输出文件删除失败的提示语
            }
        } else {
            System.out.println(dir+"文件不存在!");  // 输出文件不存在的提示语
        }
    }
}
```

运行程序，如果文件“D:/1.txt”不存在，则直接输出“D:/1.txt 文件不存在!”，否则输出如下结果。

```
文件的名称为:1.txt
文件的绝对路径为:D:\1.txt
文件的大小为:0 字节
即将执行删除文件操作……
文件删除成功!
```

11.2 输入和输出

在实际应用中，输入和输出是完成与用户交互的必不可少的功能，例如在浏览网页时，用户使用键盘输入自己的用户名和密码，而程序输出信息内容到网页供用户查看。所谓的输入与输出是站在内存的角度来说的，数据从设备流入内存为输入，数据从内存流出到设备为输出。

Java 语言将输入与输出设备之间的数据传递抽象为流，根据数据传递方向分为输入流和输出流，根据操作的数据单元，又可将流分为字节流（数据以字节为单位）和字符流（数据以字符为单位，一个字符占两个字节）。

java.io 包中提供了多个与输入/输出相关的类，它们都继承自以下几个抽象类（图 11-1）。

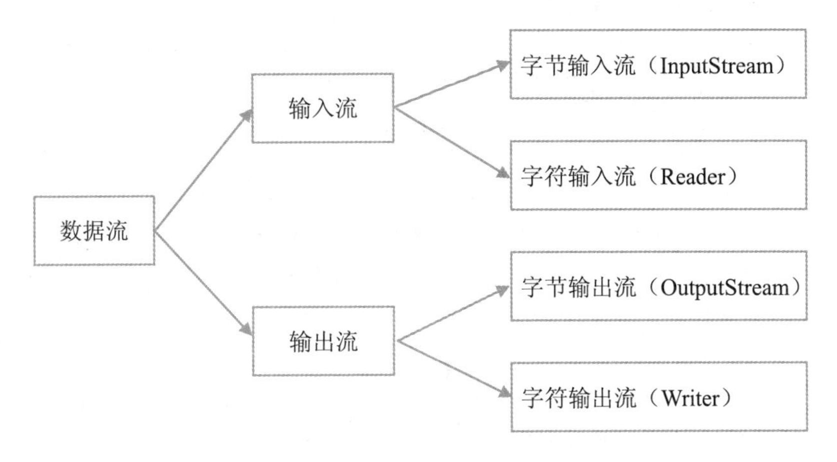

图 11-1　输入/输出流

11.2.1　输入流

输入流分为字节输入流和字符输入流。字节输入流以字节为基本数据单位，Java 语言中的字节输入流都继承自 InputStream，InputStream 是一个抽象类，实现了 Closeable 接口，所以在数据操作结束后需要进行流的关闭。InputStream 类通过 read ()方法进行单个字节或一组字节数据的读取操作，InputStream 类提供的 read ()方法的定义如下所示。

```
public abstract int read() throws IOException
```

该方法读取单个字节数据并返回，读取到结束符时返回 - 1，该方法可能会抛出 IOException 异常。

```
public int read(byte[] b) throws IOException
```

该方法试图从数据流中读取一组字节数据并存入到数组 b 中，返回值为读取的数据的字节数，读取到结束符时返回-1，该方法可能会抛出 IOException 异常。

```
public int read(byte[] b,int off,int len) throws IOException
```

该方法试图从数据流中读取长度为 len 的一组字节数据并存入到数组 b 中，其中 off 为存入数据的起始下标，方法的返回值为存入到 b 中的字节数，读取到结束符时返回 - 1，该方法可能会抛出 IOException 异常。

字节输入流可用于读取文件的内容。由于 InputStream 类是一个抽象类，因此不能直接实例化 InputStream 类的对象，但是可以通过向上转型，实例化 InputStream 类的子类 FileInputStream 类的对象，然后调用 read ()方法读取数据内容。

【例】使用字节输入流读取文件内容。

在D盘根目录下新建一个“test.txt”文件，并在文件中输入“I love my country!”使用字节输入流读取文件内容，并将文件内容输出到控制台。具体代码如下所示。

```
public class ReadFile {
    public static void main(String[] args) {  // 主方法
        File file=new File("D:/test.txt");  // 定义 File 对象并进行实例化
        InputStream inputStream;  // 定义输入字节流对象
        try {
            inputStream=new FileInputStream(file);  // 实例化输入字节流对象
        } catch (FileNotFoundException e) {  // 捕获找不到文件的异常
            System.out.println("文件"+file.getAbsolutePath()+"不存在");  //
输出文件不存在
            e.printStackTrace();  // 打印错误信息
            return;  // 直接返回
        }
        try {
            byte[] data=new byte[1024];  // 定义长度为 1024 的数组
            int len=inputStream.read(data);  // 使用字节流读取数据,存入 data 数组中
            System.out.println("读取的字节数为:"+len);  // 输出读取的字节数
            System.out.println(new String(data,0,data.length));  // 将字节数
组转化为字符串并输出
            inputStream.close();  // 关闭输入流
        } catch (IOException e) {
            System.out.println("读取数据失败或关闭输入流失败!");  // 输出提示语
            e.printStackTrace();  // 输出错误信息
        }
    }
}
```

运行程序，输出结果如下所示。

```
读取的字节数为:18
I love my country!
```

字节输入流适用于网络数据传输以及底层数据交换，字符输入流以字符为基本数据单位，更适合进行文字处理。字符输入流均继承自Reader类，Reader类实现了Readable接口和Closeable接口。Reader类是一个抽象类，读取数据文件时，可以使用Reader类的FileReader子类进行实例化，然后调用read()方法来读取文件数据。

11.2.2 输出流

输出流与输入流相对应，当操作对象是文件时，输入流用于读取文件数据到内存，输出流用于将内存数据写入文件。

输出流分为字节输出流和字符输出流。字节输出流均继承自抽象类 OutputStream，OutputStream 类实现了 Closeable 和 Flushable 接口，OutputStream 类中常用的方法如下所示。

```
public abstract void write(int b) throws IOException
```

该方法将单个字节 b 输出，方法执行过程中可能会抛出 IOException 异常。

```
public void write(byte[] b) throws IOException
```

该方法将字节数组 b 输出，方法执行过程中可能会抛出 IOException 异常。

```
public void write(byte[] b,int off,int len) throws IOException
```

该方法将字节数组中 b[off] 至 b[off+len-1] 的字节输出，方法执行过程中可能会抛出 IOException 异常。

```
public void flush() throws IOException
```

该方法的作用为刷新缓冲区，方法执行过程中可能会抛出 IOException 异常。

OutputStream 类为抽象类，因此向文件进行数据输出时，需要实例化 FileOutputStream 子类。

【例】 将字符串 “I love the world!” 输出到文件，具体代码如下所示。

```
public class WriteFile {
    public static void main(String[] args) { // 主方法
        File file=new File("D:/test.txt"); // 定义 File 对象并进行实例化
        if (! file.getParentFile().exists()) { // 如果父目录不存在
            file.getParentFile().mkdirs(); // 创建父目录
        }
        try {
            OutputStream outputStream=new FileOutputStream(file); // 创建输
出流对象
            String str="I love the world!"; // 创建字符串
            outputStream.write(str.getBytes()); // 将字符串转为字节数组并输出
到文件
            outputStream.close(); // 关闭输出流
        } catch (FileNotFoundException e) { // 捕获异常
```

```
            e.printStackTrace();  // 输出错误信息
        } catch (IOException e) {  // 捕获异常
            e.printStackTrace();  // 输出错误信息
        }
    }
}
```

运行程序，发现输出的内容覆盖了文件原来的内容，如果想要追加内容而不是覆盖原来的内容，需要使用 FileOutputStream 类的另一个构造方法，如下所示。

```
OutputStream outputStream=new FileOutputStream(file,true);
```

这里，FileOutputStream 构造方法中的第二个参数为 true，表示输出内容将追加到文件末尾。

字符输出流以字符为单位进行数据处理，字符输出流均继承自抽象类 Writer，该类实现了 Appendable、Closeable 和 Flushable 接口。使用 Writer 类进行文件操作时，可以利用 FileWriter 子类进行对象实例化，然后通过 write ()方法输出内容到文件或通过 append ()方法追加内容到文件。

输入流和输出流都是以抽象类的形式定义的，具体使用时，如果输入/输出的终端是文件，就将其实例化为文件输入/输出流对象，如果终端是内存，就将其实例化为内存输入/输出流对象，这正体现了面向对象语言的多态性。

技巧点拨

System 类对 I/O 的支持

System 类中提供了将数据输出到控制台的操作，这也是基于 I/O 操作实现的。System 类提供了 3 个输入输出流常量，如下所示。

- public static final PrintStream out;

该常量是打印输出流对象，用于标准输出。

- public static final PrintStream err;

该常量是打印输出流对象，用于错误输出，在 Eclipse 等 IDE 中使用 err 进行输出时，输出的文本内容为红色，因此使用 err 打印出的信息更方便查找。

- public static final PrintStream in;

该常量是输入流对象，可用于系统输入，但是 System. in 为字节输入流，对中文支持得不好，而且它采用字节数组接收数据，当输入的数据超过数组长度时，可能会造成数据丢失。因此实际使用时，常常使用 Scanner 输入流来替代 System. in。

11.3　字符编码

在计算机中显示的字符和文字都是按照指定的字符编码进行保存的，计算机中常见的编码见表 11-2。

表 11-2　计算机中常见的编码

编　码	说　明
ISO8859-1	一种国际通用的单字节编码，向下兼容 ASCII，能表示 0～255 的字符范围，主要在英文传输中使用
GBK/GB2312	GBK 可以表示简体中文和繁体中文，GB2312 只能表示简体中文
UNICODE	十六进制编码，可以表示所有语言文字，但是此编码不兼容 ISO8859-1 编码
UTF-8 编码	UTF-8 编码是不定长编码，它能兼容 UNICODE 编码，但是比 UNICODE 编码更节省空间，因此常用于中文网页中

当向文件中写入数据时，数据只有使用与文件相同的编码才能保证写入文件的数据不出现乱码。这就好像在现实生活中，如果两个人都使用中文交流，那么他们互相都能听懂和理解对方，但是如果其中一个人只会中文，另一个人只会英文，那么两人沟通起来就会有障碍。

【例】查看系统文件的默认编码，并使用该编码向文件中写入数据，查看是否会产生乱码。换一种数据编码，再次查看是否会产生乱码，具体代码如下所示。

```
public class EncodingDemo {
    public static void main(String[] args) throws UnsupportedEncodingExcep-
tion,IOException {  // 主方法
        String charset=System.getProperty("file.encoding");  // 获取系统文件的编码
        System.out.println("系统默认编码为:" +charset);  // 输出编码
        OutputStream outputStream=new FileOutputStream("D:/test.txt");  //
创建输出流对象
        String str="我爱编程";  // 定义并创建字符串对象
        outputStream.write(str.getBytes(charset));  // 使用系统文件默认的编码
对字符串进行编码并输出
        outputStream.write(str.getBytes("ISO8859-1"));  // 使用"ISO8859-1"
编码对字符串进行编码并输出
    }
}
```

运行程序，查看系统默认编码，本书所用计算机的默认编码为“GBK”，使用该编码对字符串进行编码并输出，发现文件可以正常显示文字，然后使用“ISO8859-1”编码再次写入同样的内容，发现文件出现乱码。因此，向文件写入数据或从文件读取数据时都需要使用与文件一致的编码。

11.4 对象序列化

存储在内存中的对象如果想要进行输出，如写入文件、在网络上进行传输或存入数据库，需要先将对象转化成二进制数据流，对象序列化就是把内存中的对象转化为二进制数据流的一种方法(图 11-2)，通过对象序列化可以将对象的内容进行流化。

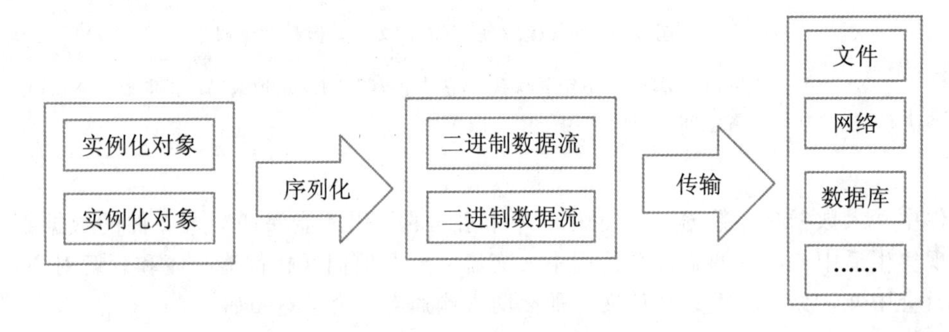

图 11-2 对象序列化

在 Java 中，一个类的对象如果想要序列化则该类必须实现 Serializable 接口。实际上，该接口并不提供任何抽象方法，可以将它看作一个标识接口，实现了该接口的类的对象就可以进行序列化。

【例】 定义一个员工类，并使其对象可序列化。具体代码如下所示。

```
public class Staff implements Serializable {
    String name;  // 员工姓名
    Integer age;  // 员工年龄
    String department;  // 员工部门
    // 此处省略属性的 getter、setter 方法
    public String toString() {
        return "员工姓名:"+name+";员工年龄:"+age+";员工部门:"+department;
    }
}
```

JDK 版本兼容问题

为了解决对象序列化和反序列化操作时的 JDK 版本兼容问题，Java 引入了一个 long 型常量 serialVersionUID，通过该常量来验证 JDK 版本的一致性：JVM 将字节流中的 serialVersionUID 与本地对应的 serialVersionUID 进行比较，如果相同就认为是一致的，否则就会出现版本不一致的异常。

对象的类实现 Serializable 接口只是表示对象可序列化，但想要具体实现序列化和反序列化的操作还需要使用 ObjectOutputStream 类和 ObjectInputStream 类。其中 ObjectOutputStream 类中的 writeObject () 方法可以将对象转化成为二进制数据并输出，ObjectInputStream 类中的 readObject ()方法可以从指定位置读取对象。

【例】 实现员工类的对象序列化和反序列化操作。

```
    public class StaffIO {
        public static void main(String[] args) throws FileNotFoundException,IO-
Exception,ClassNotFoundException {
            Staff staff=new Staff("李明",25,"技术部");  // 创建员工对象
            FileOutputStream fileOutput=new FileOutputStream("D:/test.txt");  // 创
建文件输出流对象
            // 序列化
            ObjectOutputStream objectOutputStream=new ObjectOutputStream(file-
Output);  // 创建对象输出流
            objectOutputStream.writeObject(staff);  // 将对象序列化后输出
            objectOutputStream.close();  // 关闭输出流
            // 反序列化
            FileInputStream fileInput=new FileInputStream("D:/test.txt");  //
创建文件输入流对象
            ObjectInputStream objectInputStream=new ObjectInputStream(fileIn-
put);  // 创建对象输入流
            Object obj=objectInputStream.readObject();  // 读取数据并反序列化对象
            System.out.println(obj.toString());  // 输出对象
        }
    }
```

运行程序，输出结果如下所示。

```
员工姓名:李明;员工年龄:25;员工部门:技术部
```

在序列化的过程中，如果对象的某个属性不需要进行序列化处理，则可在该属性定义时使用关键字 transient 进行修饰，这样当进行序列化操作时，该属性的值不会被保存，反序列化时，该属性的值将采用其对应数据类型的默认值。

小试锋芒

在 11.2.2 的示例中展示了使用字节流向文件输出“I love the world!”的方法，请尝试使用字符流向文件输出内容“我爱我的祖国!”并追加内容“我爱我的家乡!”

程序代码参考如下。

```
public class WriteFile {
    public static void main(String[] args) {  // 主方法
        File file=new File("D:/newfile.txt");  // 定义 File 对象并进行实例化
        if (! file.getParentFile().exists()) {  // 如果父目录不存在
            file.getParentFile().mkdirs();  // 创建父目录
        }
        try {
            Writer writer=new FileWriter(file);  // 创建字符输出流对象
            writer.write("我爱我的祖国!");  // 将字符串内容输出到文件
            writer.append("我爱我的家乡!");  // 将字符串内容追加到文件
            writer.close();  // 关闭输出流
        } catch (FileNotFoundException e) {  // 捕获异常
            e.printStackTrace();  // 输出错误信息
        } catch (IOException e) {  // 捕获异常
            e.printStackTrace();  // 输出错误信息
        }
    }
}
```

第 12 章　反射

反射是 Java 语言提供的一项重要技术支持，通过反射技术，不仅可以在程序的运行状态构造任意类的对象，还能根据一个对象获取该对象所属的类，甚至可以获取任意一个类的成员变量和方法并进行调用。

反射机制为代理设计模式提供了技术支持，利用反射机制可以编写出更加灵活的代码结构，能够有效提高程序的可重用性。

12.1 认识反射机制

在编写程序的过程中，使用一个类时，通常需要先导入该类，然后创建这个类的对象，通过对象去调用属性或者方法，这是一般情况下使用类时正常的代码顺序，即已知类，通过类创建对象并使用对象。与此相反，反射技术根据实例化对象来反推其类型，即已知对象，根据对象获取类的相关信息。

你可能会有疑惑，为什么Java要提供反射机制呢？反射机制有什么作用呢？试想如下场景：当你获得一个Object对象，但是却不知道这个对象的实际类型（向上转型机制使得所有对象都可以是Object类型的对象），因此也就无法知道这个对象可以调用哪些属性或方法，这时通过Java的反射就可以根据对象获得它的类的信息，然后调用它的属性和方法了。不仅如此，反射还可以实现其他操作，例如根据类名（字符串类型）创建类的对象。

Class类是反射机制的根源，这里的Class与class关键字不同，使用class关键字可以创建一个类，如定义一个Dog类，可以采用如下方式。

```
public class Dog{
    // 此处省略类体
}
```

定义一个类就相当于自定义了一种数据类型，class关键字用于定义类。而Class类表示的是java.lang包中的一个类，它是Java提供的名为Class的类，它的定义如下。

```
public final class Class<T> implements…{
    //此处省略类体
}
```

程序运行时，Java虚拟机读取后缀名为“.class”的文件中的二进制数据到内存，并将其存于方法区（静态区），同时，Java虚拟机在堆区为该类创建一个java.lang.Class实例，用来封装方法区中对应的类的数据结构，并提供访问方法区内的数据结构的接口（图12-1）。

Java虚拟机为每个后缀名为“.class”的文件创建了一个Class实例，Class实例中保存了对应类的所有信息，包括类名、包名、父类、实现的接口、方法、字段等，因此根据Class实例可以获取到其对应类的所有信息，这种通过Class实例获取类的信息的方法即是反射。

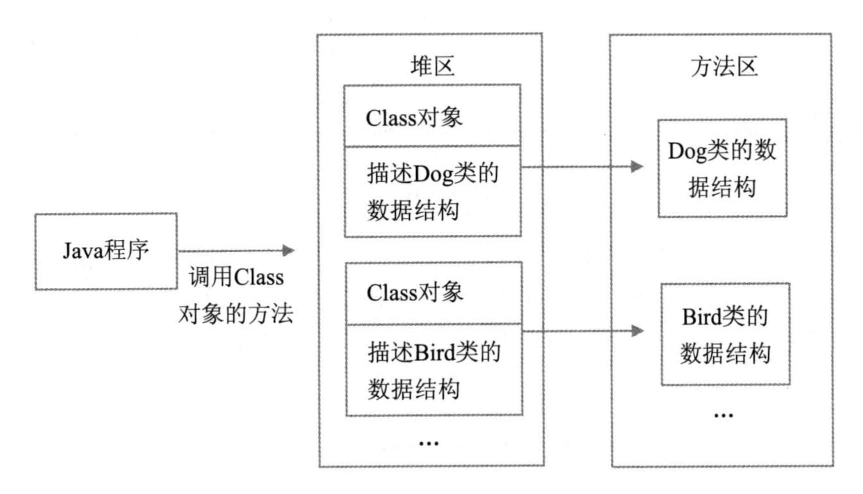

图 12-1　类的加载和调用过程

12.2　Class 类对象实例化

Class 实例如何获取呢？Java 提供了以下多个方法来获取 Class 实例。

（1）通过类名 . class 的方式获取 Class 实例，如下所示。

```
Class cls=Integer.class;
```

（2）Object 类提供了 getClass ()方法，因此任何一个对象实例都可以通过调用 getClass ()方法获取 Class 实例，如下所示。

```
String str="test class";
Class cls=str.getClass();
```

（3）通过 Class 类的 forName ()静态方法，根据完整类名获取 Class 实例，如下所示。

```
Class cls=Class.forName("java.lang.Integer");
```

上述第三种方法根据字符串提供的类名获取 Class 实例，当字符串表示的类名称不存在时会出现 ClassNotFoundException 异常，因此需要确保项目环境中设置的 CLASSPATH 环境属性中存有指定类。

技巧点拨

反射的应用

Java 的反射机制在框架中应用得十分广泛，例如用于 Web 开发的 Spring、Hibernate 等框架就使用了 Java 的反射机制。Spring 框架通过 XML 配置得到对应实体类的字节码字符串以及相关的属性信息，然后利用 Java 的反射机制，根据 XML 配置文件中的字符串获得类的 Class 实例。

12.3 反射机制与类操作

获取了 Class 实例后，就可以通过 Class 实例获取对应类的详细信息了，通过反射可以访问的类的详细信息见表 12-1。

表 12-1 通过反射可获得的类的详细信息

方　　法	返回值类型	说　　明
getPackage()	Package	获取对应类所在包
getName()	String	获取对应类的名称
getSuperclass()	Class	获取对应类的父类
getInterfaces()	Class[]	获取对应类实现的所有接口
getConstructor(Class<?>... parameterTypes)	Constructor	根据参数类型获取权限为 public 的指定构造方法
getConstructors()	Constructor[]	获取权限为 public 的构造方法
getDeclaredConstructor(Class<?>... parameterTypes)	Constructor	根据参数类型获取当前类声明的指定构造方法
getDeclaredConstructors()	Constructor[]	获取当前类声明的所有构造方法
getMethod(String name, Class<?>... parameterTypes)	Method	根据方法名称和参数类型获取权限为 public 的指定方法

续表

方 法	返回值类型	说 明
getDeclaredMethod(String name, Class<?>… parameterTypes)	Method	根据方法名称和参数类型获取当前类声明的指定方法
getField(String name)	Field	根据 name 获取权限为 public 的成员变量
getDeclaredField(String name)	Field	根据 name 获取当前类声明的成员变量

【例】利用 Java 的反射机制调用类的成员方法。具体代码如下所示。

```
public class Computer {
    private String type;  // 定义 type 属性表示电脑类型
    private Integer price;  // 定义 price 属性表示价格
    // 此处省略属性的 getter、setter 方法
    public Computer() {  // 定义无参构造方法
    }
    public Computer(String type, Integer price) {  // 定义带参构造方法
        this.type=type;  // 设置 type 属性
        this.price=price;  // 设置 price 属性
    }
    public String getComputerInfo() {  // 该方法返回电脑信息
        return "电脑类型:"+type+";电脑价格:"+price;
    }
}

public class ReflectComputer {
    public static void main(String[] args) throws ClassNotFoundException,
NoSuchMethodException, SecurityException, InstantiationException, IllegalAccess-
Exception, IllegalArgumentException, InvocationTargetException {
        Class<?> computerClass=Class.forName("com.book.ch11.Computer");
  // 根据类名创建类的 Class 实例
        Constructor<?> constructionMethod=computerClass.getConstructor(String.
class,Integer.class);  // 获取指定构造方法
        Object obj=constructionMethod.newInstance("游戏笔记本",5000);  //
使用指定构造方法创建对象
```

```
            Method getComputerInfoMethod= computerClass.getMethod("getComput-
erInfo");  // 获取指定方法
            Object returnObj=getComputerInfoMethod.invoke(obj);  // 调用指定方法
            System.out.println(returnObj);  // 输出方法返回结果
        }
    }
```

运行程序，输出结果如下所示。

```
电脑类型:游戏笔记本;电脑价格:5000
```

getXXX ()方法与 getDeclaredXXX ()方法

Class 类具有获取对应类的构造方法、成员方法、成员变量等多个方法，细心的你可能已经注意到，在这些方法中，往往包含 getXXX ()方法与 getDeclaredXXX ()方法，以获取成员方法为例，Class 类提供了 getMethods ()方法与 getDeclaredMethods ()方法，二者有什么区别呢?

getMethods ()方法将获取类的所有 public 方法，包括自身声明的以及从父类继承的和从接口实现的所有 public 方法；getDeclaredMethods ()方法获取的是类自身声明的所有方法，包括 public、protected、默认和 private 的方法，但是不包括从父类继承的方法。

12.4 反射与设计模式

代理在日常生活中十分常见，例如火车票可以通过火车站或者官方网站购买，但是也可以通过第三方网站购买，这里的第三方网站就是火车站售票的代理（图 12-2），房屋中介可以认为是房屋主人的代理。

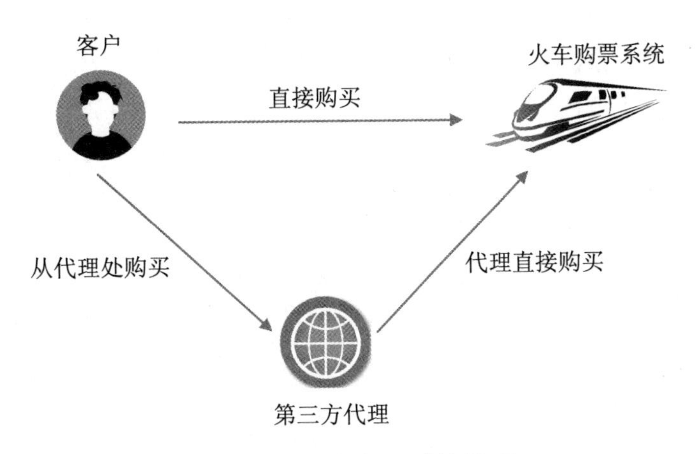

图 12-2　购火车票时的代理

在软件设计中，也存在着代理设计模式。代理设计模式是指客户端并不直接调用实际的对象，而是通过代理来间接地调用对象。

代理模式可分为静态代理模式和动态代理模式，静态代理模式是由开发者创建代理类，在程序运行前代理类的 .class 文件就已经存在了；动态代理模式是在程序运行时，利用反射机制动态创建代理类。

12.4.1　静态代理设计模式

在静态代理设计模式中，我们使用 ITarget 接口来表示目标接口，定义实现类 Target 和代理类 TargetProxy 分别实现 ITarget 接口，并使用 Client 来表示客户端类，这几个类的设计结构如图 12-3 所示。

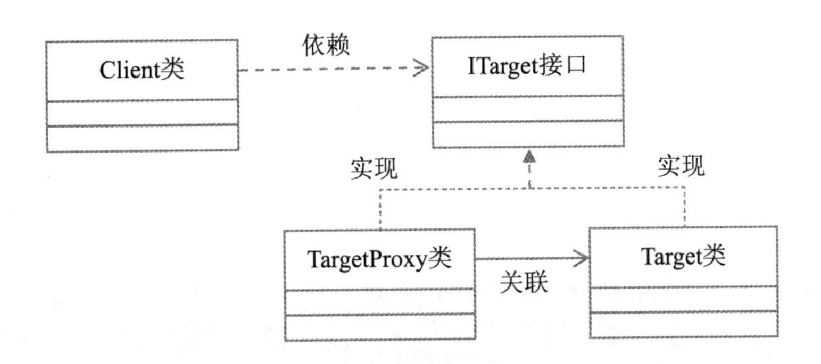

图 12-3　静态代理设计模式的设计结构

【例】实现静态代理模式。具体代码如下所示。

```
public interface ITarget {
    void doSomething();  // 定义 doSomething()为目标方法
}
public class Target implements ITarget {
    @ Override
    public void doSomething() {  // 实现目标方法 doSomething()
        System.out.println("这是目标类的目标方法!");  // 打印输出
    }
}
public class TargetProxy implements ITarget {
    private Target target;  // 定义属性 target 表示目标类的对象
    // 此处省略属性的 getter、setter 方法
    @ Override
    public void doSomething() {  // 实现 doSomething()方法
        System.out.println("访问目标方法之前进行预处理!");  // 调用目标方法之前
进行预处理
        target.doSomething();  // 调用目标方法
        System.out.println("访问目标方法之后进行后续处理!");  // 调用目标方法之
后进行后续处理
    }
}
public class Client {
    public static void main(String[] args) {
        ITarget target=new TargetProxy(new Target());  // 使用代理类实例化
target 对象
        target.doSomething();  // 调用目标对象的 doSomething()方法
    }
}
```

运行程序，输出结果如下所示。

```
访问目标方法之前进行预处理!
这是目标类的目标方法!
访问目标方法之后进行后续处理!
```

使用静态代理模式具有以下优点。

（1）代理介于客户端与目标对象之间，具有中间体的功能，能够有效地将目标对象隐藏起来，从而起到保护的作用。

（2）代理能够将目标对象的功能进行扩充。

（3）代理模式将客户端与目标端分离，使得系统的耦合度降低，从而提高了程序的可扩展性。

同时，静态代理设计模式也会带来一些缺点，如它会造成系统中类的数量增加（增加了代理类）、请求速度变慢以及系统更加复杂等。为了克服这些缺点，Java 提供了动态代理设计模式。

12.4.2　动态代理设计模式

在静态代理设计模式中，每增加一个目标类都需要新建一个代理类，这无疑为开发者增加了许多工作量。在实际应用中，代理类不应该与具体的目标类产生耦合关系，换句话说，理想的代理类应该可以同时为多个功能相近的类提供统一的代理支持，这就要用到动态代理设计模式。

在动态代理设计模式中，功能相近的多个类使用统一的代理，这就需要一个统一的代理类，为此 Java 提供了一个公共的标准接口：java. lang. reflect. InvocationHandler，该接口中包含 invoke ()抽象方法，该抽象方法的定义如下。

```
public Object invoke(Object proxy,Method method,Object[] args)
    throws Throwable;
```

这个方法中，参数 proxy 表示代理的目标对象，method 表示要执行的目标类方法，args 表示执行 method 方法所需的参数列表，通过这几个参数就可以通过 Java 的反射机制调用目标类的目标方法。

统一的代理类除了需要实现 invoke ()方法，还需要在运行中动态地创造一个临时代理对象，这个临时代理对象需要实现目标类所实现的父接口。创造临时代理对象可以通过 Proxy 类的 newProxyInstance () 方法实现，具体使用方式请看如下示例。

【例】 将 12. 4. 1 的静态代理模式改为动态代理模式。

```
import java.lang.reflect.InvocationHandler;
import java.lang.reflect.Method;
import java.lang.reflect.Proxy;
public class CommonProxy implements InvocationHandler {
    private Object target;  // 定义目标对象 target
    public Object bind(Object target) {  // 将目标对象与代理进行绑定
        this.target=target;  // 为 target 赋值
        return Proxy.newProxyInstance(target.getClass().getClassLoader(),
target.getClass().getInterfaces(), this);  // 动态创建代理对象
```

```
        }
        @ Override
        public Object invoke(Object proxy, Method method, Object[] args) throws
Throwable {
            beforeInvoke();// 调用目标方法前进行预处理
            Object returnData=method.invoke(this.target, args);  // 调用目标方法
            afterInvoke();  // 调用目标方法后进行后续处理
            return returnData;  // 返回目标方法的返回值
        }
        public void beforeInvoke() {
            System.out.println("访问目标方法之前进行预处理!");  // 调用目标方法之前
进行预处理
        }
        public void afterInvoke() {
            System.out.println("访问目标方法之后进行后续处理!");  // 调用目标方法之
前进行后续处理
        }
    }

    // Target 与 Itarget 的代码参考 12.4.1 中的示例
    public class Client2 {
        public static void main(String[] args) {
            ITarget target=(ITarget) new CommonProxy().bind(new Target());  //
将目标类与代理绑定
            target.doSomething();  // 调用目标对象的 doSomething()方法
        }
    }
```

运行程序，输出结果如下所示。

```
访问目标方法之前进行预处理!
这是目标类的目标方法!
访问目标方法之后进行后续处理!
```

某公司销售部业绩突出，公司决定为销售部每位员工发放一份奖励。为此公司内部系统的开发人员创建了 Rewards 类，并设置了 getRewards()方法来让员工领取奖励。为了验证员工的权限，请为 Rewards 类添加代理，使得系统在调用 getRewards()方法前验证员工所在部门是否为销售部门。

程序代码参考如下。

```
public class Staff {
    private String name;
    private String department;
    // 此处省略属性的 getter、setter 方法
    public Staff(String name, String department) {
        this.name=name;
        this.department=department;
    }
}

public interface IRewards {
    void getRewards(Staff staff);
}

public class Rewards implements IRewards {
    @ Override
    public void getRewards(Staff staff) {
        System.out.println("领取奖励!");  // 打印输出,表示员工领取奖励
    }
}
import java.lang.reflect.InvocationHandler;
import java.lang.reflect.Method;
import java.lang.reflect.Proxy;
public class CommonProxy implements InvocationHandler {
    private Object target;  // 定义目标对象 target
```

```
        public Object bind(Object target) {  // 将目标对象与代理进行绑定
            this.target=target;  // 为 target 赋值
            return Proxy.newProxyInstance(target.getClass().getClassLoader(),
target.getClass().getInterfaces(), this);  // 动态创建代理对象
        }
        @ Override
        public Object invoke(Object proxy, Method method, Object[] args)
throws Throwable {
            if(permissionValidation(args)) {
                return method.invoke(this.target, args);  // 调用目标方法
            }else {
                System.out.println("非销售部人员无法领取奖励!");
                return null;
            }
        }
        public boolean permissionValidation(Object[] args) {
            if(args[0] instanceof Staff) {
                if("销售部".equals(((Staff)args[0]).getDepartment())) {
                    return true;
                }
            }
            return false;
        }
    }
    public class Client {
        public static void main(String[] args) {
            Staff staff=new Staff("张新", "销售部");
            IRewards target=(IRewards) new CommonProxy().bind(new Rewards());
            target.getRewards(staff);// 调用目标对象的 doSomething()方法
        }
    }
```

第 13 章　多线程

多线程可以实现程序并发执行，使多个任务（看起来）同时执行。Java 提供了创建和启动线程的方法，开发者利用这些方法可以方便快捷地实现多线程模式。

合理使用多线程可以提高程序的整体运行效率，增强程序的交互性，提高程序的友好性，可谓一举多得。

13.1 认识多线程

人们在处理事情的时候可以多件事情同时进行，例如一边跑步一边听音乐、一边唱歌一边跳舞等。计算机为了模拟人类这种处理能力，实现了多任务操作系统，例如在 Windows 操作系统中，可以同时运行多个应用软件，用户可以在播放音乐的同时编辑文档，在浏览网页的同时打印文档。

在多任务操作系统中，每执行一个任务就会创建一个新的进程。例如，打开播放音乐的软件，会创建一个播放进程，打开 Word 软件会创建一个 Word 进程，在操作系统中每打开一个软件，就新建了一个任务，开启了一个新的进程。

每个进程都包含独立的数据，所以不同进程之间不能直接共享数据，只能使用进程间通信。一个进程中至少包含一个线程来执行程序，如果一个进程想要同时处理多个任务，就需要创建多个线程并发执行，例如，打开浏览器会创建一个进程，在浏览器中打开多个标签页则对应着多个线程。进程与线程的关系如图 13-1 所示。

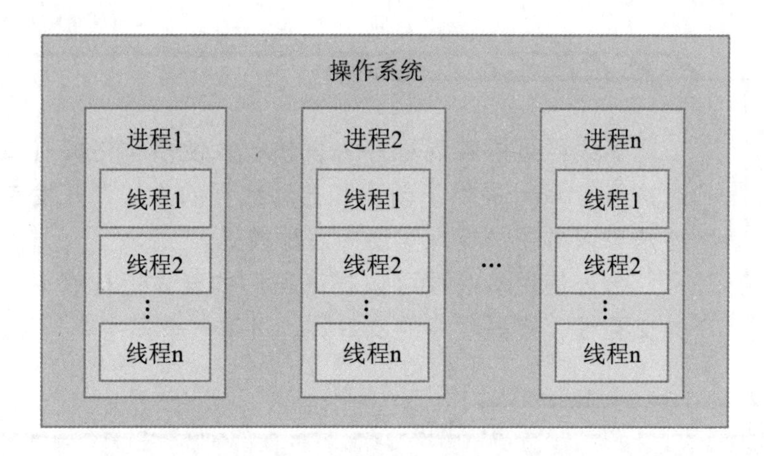

图 13-1 进程与线程的关系

从宏观层面来看，多线程并发执行过程中，多个任务看上去是同时在执行，但从微观层面上来看，在多线程并发执行过程中，同一时间只有一个线程在执行。线程通过排队等机制等待获取系统资源时间片，获取到系统资源的线程在时间片内执行，当时间片用完时，系统切换到下一个线程任务，因此从微观层面来看，线程之间并不是并行的，由于每个线程获得的时间片都较短，所以人们主观感受上是多任务并行执行的。

在一个应用程序中，如果没有多线程，程序将按照顺序一步一步执行，无法实现与用户实时交互。例如在一个播放器软件中，如果是单线程执行，那么音乐在播放过程中用户无法暂停或者更换音乐，只能等到音乐播放结束后才能进行下一个操作。

技巧点拨 >>>

使用多线程技术的优点

使用多线程技术有以下几个优点。

(1) 使用多线程技术，可以将占据时间长的任务放到单独的线程中去处理。例如，在浏览器中下载文件时，可以将下载任务放到单独的线程中去处理，这样操作不影响用户继续浏览其他网页。

(2) 合理有效地使用多线程编程，可以充分利用计算机的时间片，提高程序的整体运行速度。例如，用户输入、网络数据传输等任务需要等待，将这些任务放到单独的线程中可以提高程序的整体运行速度。

(3) 使用多线程编程，可以提高用户的使用体验，增强程序的交互性。例如，在 QQ 聊天程序中，用户可以同时与多个人聊天，还可以在接收数据的同时发送数据。

每生成一个线程会占用一定的系统资源，因此线程并不是使用得越多越好，合理适当地使用线程才能发挥线程最大的作用。

13.2　线程的生命周期

一个线程的生命周期包含五种状态：新建状态、就绪状态、运行状态、阻塞状态和死亡状态。其中阻塞状态又可以分为以下三种。

等待阻塞：运行中的线程调用 wait()方法后将使本线程处于等待阻塞状态。

同步阻塞：同步阻塞是指多个线程同时想访问共享数据时，一旦其中一个线程获得访问权限，那么其他线程就进入阻塞状态，直到这个线程访问完毕后，其他线程才从阻塞状态转变为就绪状态。

其他阻塞：在线程运行过程中，调用 sleep()函数或等待接收用户输入的数据时，线程进入阻塞状态，直到 sleep()函数执行完毕或用户输入完毕，线程才从阻塞状态转变为就绪状态。

处于运行状态的线程遇到以上几种阻塞情况时，进入阻塞状态。

线程的五种状态之间的转换关系如图 13-2 所示。

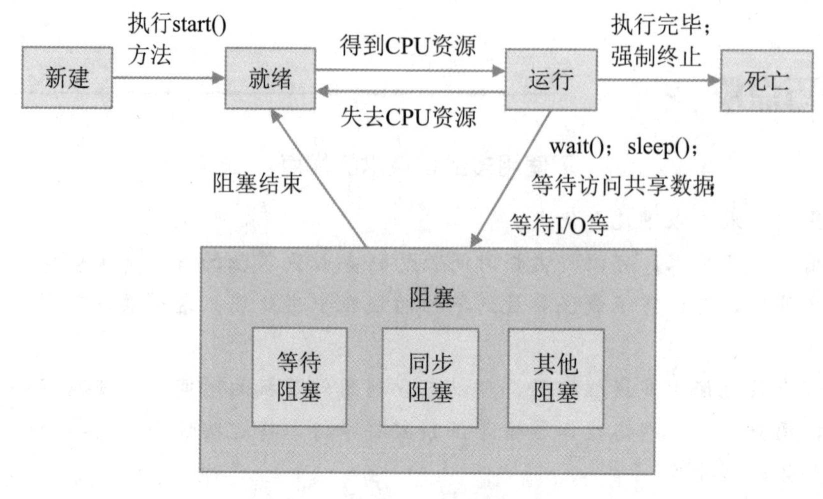

图 13-2　线程的状态转换

13.3　创建与操作线程

13.3.1　创建线程

1. 通过继承 Thread 类创建线程

Thread 类的实例对象即是线程，用户想要自定义线程，只需要让线程类继承 Thread 类，并重写 Thread 类中的 run ()方法即可。run ()方法中的代码就是线程的真正功能代码，当线程启动后，执行的就是线程类的 run ()方法。

完成线程功能后，应该如何启动线程呢？启动线程并不是直接通过线程类的实例对象调用 run ()方法，而是调用 start ()方法。start ()方法是 Thread 类提供的方法，调用 start ()方法后将直接启动线程并调用 run ()方法。具体使用方法请看如下示例。

【例】 通过继承 Thread 类的方式创建线程。

自定义线程类，在 run ()方法中实现打印线程名称以及数字 1～10。具体代码如下所示。

```
public class MyThread extends Thread {
    public MyThread(String name) {   // 构造方法
        super(name);
```

```
    }
    public void run() {   // 调用 start()方法时,线程执行的方法
        for (int i=1; i<11;i++) {   // 循环打印线程名称以及数字 1—10
            System.out.println(this.getName()+"-"+i);   // 打印输出
        }
    }
    public static void main(String[] args) {
        MyThread thread1=new MyThread("Thread1");   // 创建新线程 Thread1
        thread1.start();   // 启动线程
        MyThread thread2=new MyThread("Thread2");   // 创建新线程 Thread2
        thread2.start();   // 启动线程
    }
}
```

在上述代码的 main ()方法中，创建了两个 MyThread 类的实例，然后调用 start ()方法启动这两个线程，由于多线程的并发特性，两个线程的输出是交替完成的，部分输出结果可能如下所示。

```
Thread2-1
Thread2-2
Thread1-1
Thread2-3
Thread1-2
Thread2-4
Thread1-3
Thread2-5
```

巧避误区

多线程程序的执行顺序

在“通过继承 Thread 类的方式创建线程”的示例中，程序创建并启动了两个线程，如果多次运行程序就会发现，每次运行的结果可能并不相同：有时一个线程在另一个线程执行完毕才开始执行，有时二者交替执行。是什么原因导致这种结果呢？

这是因为，线程在执行时并不能保证在时间片内将方法完全执行完毕，当时间片用完，该线程只能恢复就绪状态等待系统再次为其分配时间片。因此，当多个线程并发执行时，不同线程之间的执行顺序不是固定不变的。

2. 通过实现 Runnable 接口来创建线程

java. lang. Runnable 接口是 Java 提供的多线程接口，该接口只包含 run ()方法。查看 JDK 的 API 可以发现，Thread 类实现了该接口，其中的 run ()方法正是对该接口中 run ()方法的具体实现。

Java 语言不支持多继承，因此当一个类需要继承其他类，同时还需要实现多线程时，就可以采用实现接口的方式。

通过实现 Runnable 接口来创建线程时，由于没有继承 Thread 类，线程类并不包含 start ()方法，因此需要将实现了 Runnable 接口的对象作为参数传递给 Thread 类，通过 Thread 类的对象来启动线程。Thread 类包含如下构造方法。

```
public Thread(Runnable target)
public Thread(Runnable target,String name)
```

这两个构造方法中都含有 Runnable 类型的参数，通过这两个构造方法可以将 Runnable 对象实例与 Thread 对象实例进行关联，然后通过调用 Thread 对象实例的 start ()方法启动线程，从而执行 Runnable 对象的 run ()方法实现线程功能。

【例】 通过实现 Runnable 接口的方式创建线程。

```
public class MyThread2 implements Runnable {
    private String name;// 定义属性 name 表示线程名
    // 此处省略属性的 getter、setter 方法
    public MyThread2(String name) {   // 构造方法
        this.name=name;
    }
    public void run() {// 调用 start()方法时,线程执行的方法
        for (int i=1;i<11;i++) {   // 循环打印 1~ 10
            System.out.println(this.name+"-"+i);   // 打印输出
        }
    }
    public static void main(String[] args) {
        Thread thread1=new Thread(new MyThread2("Thread1"));   // 以 Thread2
的对象实例为参数创建线程对象
```

```
        Thread thread2=new Thread(new MyThread2("Thread2"));  // 以 Thread2 的对象实例为参数创建线程对象
        thread1.start();  // 启动线程
        thread2.start();  // 启动线程
    }
}
```

运行程序，每次运行输出结果可能不同，部分输出结果可能如下所示。

```
Thread1-1
Thread2-1
Thread1-2
Thread1-3
Thread2-2
Thread1-4
Thread2-3
```

13.3.2　操作线程

1. 线程的休眠

线程的休眠是令正在运行的线程进入阻塞状态，暂停执行。线程休眠需要调用 Thread 类的 sleep () 方法，该方法为静态方法，其定义如下。

```
public static native void sleep(long millis) throws InterruptedException;
```

参数 millis 表示毫秒数，sleep ()方法让程序休眠 millis 毫秒，当线程处于休眠状态时，外部使用 interrupt ()方法来中断当前线程，则当前线程会抛出 InterruptedException 异常。

【例】 使用多线程模拟交通信号灯。

创建信号灯线程类 LightThread，继承 Thread 类，该线程模拟交通信号灯，使得信号灯按照“红色-绿色-黄色”的顺序变换颜色。信号灯由黄色变为红色时，中间间隔 1 秒钟，其他变换颜色的情况，中间间隔 5 秒钟。具体代码如下所示。

```
public class LightThread extends Thread {
    private String light;  // 属性 light 表示交通灯
    // 此处省略属性的 getter、setter 方法
    public LightThread(String light) {  // 构造方法
        this.light=light;
    }
```

```
    public void run() {    // 线程的执行方法
        while (true) {   // 无限循环
            System.out.println(new Date()+"-----"+light);   // 输出时间和信号灯
            try {
                changeLight();   // 改变信号灯的颜色
            } catch (InterruptedException e) {
                e.printStackTrace();   // 打印错误信息
                this.interrupt();   // 标记线程中断
            }
        }
    }
    public void changeLight() throws InterruptedException {   // 改变信号灯的颜色
        if ("red".equals(light)) {   // 如果 light 的内容是"red"
            light="green";   // 为 light 赋值"green"
            Thread.sleep(5000);   // 线程休眠 5 秒
        } else if ("green".equals(light)) {   // 如果 light 的内容是"green"
            light="yellow";   // 为 light 赋值"yellow"
            Thread.sleep(5000);   // 线程休眠 5 秒
        } else {
            light="red";   // 为 light 赋值"red"
            Thread.sleep(1000);   // 线程休眠 1 秒
        }
    }
    public static void main(String[] args) {
        LightThread t=new LightThread("red");   // 创建信号灯线程对象
        t.start();// 启动线程
    }
}
```

运行程序，每次运行输出结果可能不同，部分参考输出结果如下所示。

```
Tue Mar 15 13:58:01 HKT 2022-----red
Tue Mar 15 13:58:06 HKT 2022-----green
Tue Mar 15 13:58:11 HKT 2022-----yellow
Tue Mar 15 13:58:12 HKT 2022-----red
Tue Mar 15 13:58:17 HKT 2022-----green
Tue Mar 15 13:58:22 HKT 2022-----yellow
```

2. 线程的中断

运行“模拟交通信号灯”的例子发现，线程不停地运行，一直没有终止。如何在线程外部中断线程呢?

想要在线程外部中断线程，可以在线程的 run ()方法中设置无限循环，同时使用一个布尔型标记作为循环的控制条件。

其实线程本身包含布尔型的中断标记，Thread 类包含 interrupt ()方法，该方法不会直接中断线程，但是会将中断标记设置为“中断”状态。线程通过调用 isInterrupted ()方法可以判断自身是否处于“中断”状态。当线程由于调用 sleep ()等方法处于阻塞状态时，调用线程的 interrupt ()方法可以使线程抛出 InterruptedException 异常，用户在捕获处理异常时可以中断线程。

【例】 使用线程模拟交通信号灯，线程运行 20 秒后中断该线程。具体代码如下所示。

创建信号灯线程类 LightThread2，继承 Thread 类，该线程模拟交通信号灯，使得信号灯按照“红色—绿色—黄色”的顺序变换颜色。在启动信号灯线程 20 秒后通过 interrupt ()方法中断该线程。具体代码如下所示。

```
public class LightThread2 extends Thread {
    private String light;  // 属性 light 表示交通灯
    // 此处省略属性的 getter、setter 方法
    public LightThread2(String light) {
        this.light=light;
    }
    public void run() {  // 线程的执行方法
        while (! isInterrupted()) {  // 只要未被中断就无限循环
            System.out.println(new Date() +"-----"+light);
            try {
                changeLight();  // 改变信号灯的颜色
            } catch (InterruptedException e) {
                e.printStackTrace();  // 打印错误信息
                return;  // 返回
            }
        }
    }
    public void changeLight() throws InterruptedException {  // 改变信号灯的
颜色
        if ("red".equals(light)) {  // 如果 light 的内容是"red"
            light="green";  // 为 light 赋值"green"
            Thread.sleep(5000);  // 线程休眠 5 秒
```

```
        } else if ("green".equals(light)) {  // 如果 light 的内容是"green"
            light="yellow";  // 为 light 赋值"yellow"
            Thread.sleep(5000);  // 线程休眠 5 秒
        } else {
            light="red";  // 为 light 赋值"red"
            Thread.sleep(1000);  // 线程休眠 1 秒
        }
    }
    public static void main(String[] args) throws InterruptedException {
        LightThread2 t=new LightThread2("red");  // 创建信号灯对象
        t.start();  // 启动线程
        Thread.sleep(20000);
        t.interrupt();
    }
}
```

运行程序，每次运行输出结果可能不同，部分参考输出结果如下所示。

```
Tue Mar 15 14:51:37 HKT 2022-----red
Tue Mar 15 14:51:42 HKT 2022-----green
Tue Mar 15 14:51:47 HKT 2022-----yellow
Tue Mar 15 14:51:48 HKT 2022-----red
Tue Mar 15 14:51:53 HKT 2022-----green
java.lang.InterruptedException: sleep interrupted
    at java.base/java.lang.Thread.sleep(Native Method)
    at com.book.ch13.LightThread2.changeLight(LightThread2.java:39)
    at com.book.ch13.LightThread2.run(LightThread2.java:25)
```

13.4 线程同步

13.4.1 线程安全

在多线程开发过程中，当多个线程同时执行，如果多个线程同时访问共享数据，则可能出现安全问题。例如，某航空售票系统中北京到上海的航班剩余 n 张票，客户购票时，系统首先判断当前剩余票数 n 是否大于 0，如果大于 0，客户就可以付款购票，相应地剩余票数变为 n-1。当有多个客户同时购买时，就会有多个线程同时访问这段代码，如果 A 线程和 B 线程同时获得了当前的票数 n，并且判断出 n 大于 0，然后各自执行购票操作，最后可能会导致 A 和 B 都购票完毕时，剩余票数本应变为 n-2，却因为线程交替执行的原因导致剩余票数变为 n-1，造成数据不同步，产生逻辑错误，如图 13-3 所示。

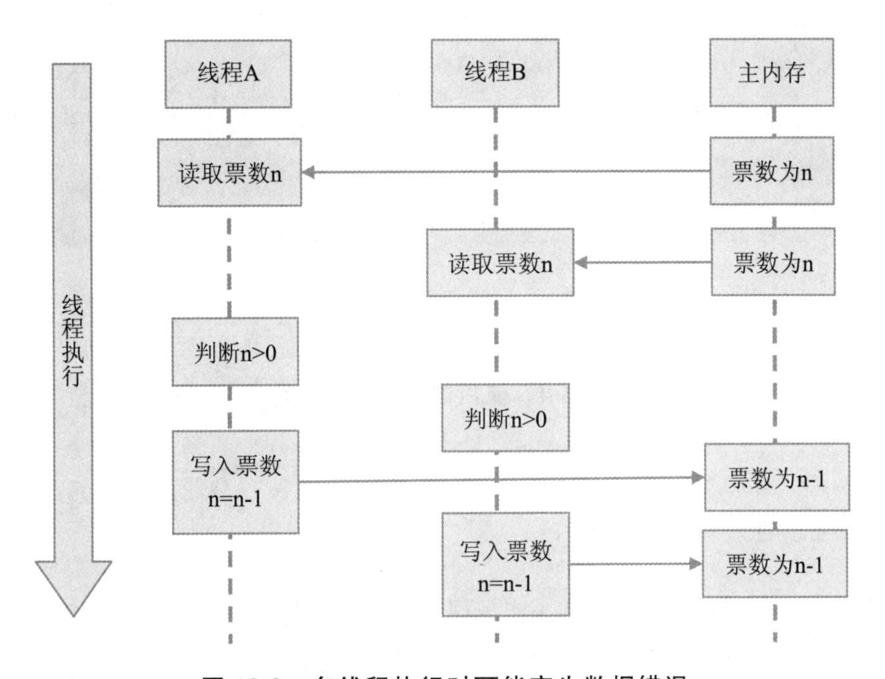

图 13-3　多线程执行时可能产生数据错误

在进行多线程开发时，当多个线程都需要访问共享数据时需要着重考虑线程安全问题。那么，线程安全的问题如何解决呢？

目前，解决线程访问共享数据的安全问题，通用做法是给共享数据上一道锁。共享数据就好像一个密室，一开始处于未锁定状态，当线程访问共享数据时会将密室锁定，其他线程就无法再访问，等该线程访问完毕，将锁打开，其他线程才能继续访问，如图 13-4 所示。

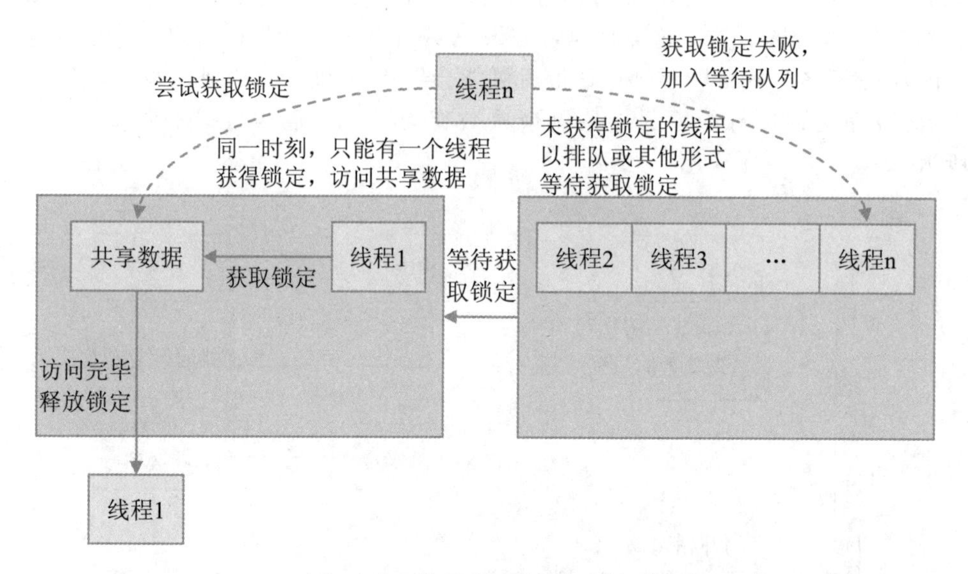

图 13-4　使用锁保证线程安全

13.4.2　同步机制

Java 语言设置了 synchronized 关键字来实现同步机制，使用该关键字包含的代码块称为同步块或临界区，使用 synchronized 关键字的语法格式如下所示。

```
synchronized(object){
    //需要实现同步的代码
}
```

object 为任意对象，在 Java 中，每个对象都含有锁，锁本身就是对象的一部分（不需要写任何特殊代码）。使用 synchronized 关键字就相当于为共享数据上了锁，将针对共享数据的操作放在 synchronized 代码块内，这样同一时刻只能有一个线程访问代码块内的程序，其他线程只有等锁被释放后才能进入到该区域。

除此之外，synchronized 关键字还可以直接用于修饰方法，其语法格式如下所示。

```
synchronized void f(){
    //方法体
}
```

当在对象上调用 synchronized 修饰的方法时，此对象就会被加锁。

13.5　线程之间的协作

13.5.1　等待与通知

使用 synchronized 关键字可以将对象锁定，从而解决共享数据的安全问题，那么线程与线程之间如何相互通信协作呢？

在 Java 语言中，Object 对象有 wait ()和 notify ()方法，wait ()方法表示等待，当调用对象的 wait ()方法时，对象释放锁，当前线程挂起进入阻塞状态，当时间到期或对象调用 notify ()或 notifyAll ()方法时，线程从阻塞状态恢复执行。

【例】 使用线程模拟“生产者和消费者问题”。

生产者和消费者问题：假设有一个公共产品池，生产者生产产品并放入产品池中，消费者从产品池中取出产品。只有当产品池中存在产品时，消费者才能取出产品，只有当产品池中没有产品时，生产者才生产产品并放入产品池。为了简单起见，我们暂定产品池中只有一样产品。具体代码如下所示。

```
public class ProduceThread extends Thread {  // 生产者线程
    private Production production;  // production 属性表示生产的产品
    public ProduceThread(Production production) {  // 构造方法
        this.production=production;
    }
    public void run() {  // 线程执行的方法
        while (true) {  // 循环执行
            synchronized (production) {  // 同步代码块
                if (production.getNum() <=0) {  // 产品数量小于等于 0
                    production.addProduction(5);  // 生产产品
                    System.out.println("生产者生产数量:5");  // 打印提示语
                    try {
                        production.wait();  // 调用 wait()方法,释放锁
                    } catch (InterruptedException e) {  // 捕获异常
                        e.printStackTrace();  // 打印异常信息
                    }
                } else {  // 产品数量大于 0
                    try {
                        production.wait();  // 调用 wait()方法,释放锁
```

```
                } catch (InterruptedException e) {  // 捕获异常
                    e.printStackTrace();  // 打印异常信息
                }
            }
        }
    }
}
}

public class CustomerThread extends Thread {  // 消费者线程
    private Production production;  // production属性表示生产的产品
    public CustomerThread(Production production) {  // 构造方法
        this.production=production;
    }
    public void run() {  // 线程执行的方法
        while (true) {  // 循环执行
            synchronized (production) {  // 同步代码块
                boolean result=production.delProduction(1);  // 消费者消费产品
                if (result) {  // 如果消费产品成功
                    System.out.println("消费者消费数量:1");  // 打印提示语
                    System.out.println("产品当前剩余数量-------"+production.get-
Num());  // 打印提示语
                } else {
                    System.out.println("产品数量不够,消费失败!");  // 打印提示语
                    production.notify();  // 产品数量不够,通知生产者
                }
            }
            try {
                Thread.sleep(1000);  // 线程休眠1秒
            } catch (InterruptedException e) {  // 捕获异常
                e.printStackTrace();  // 打印异常
            }
        }
    }
}
```

```
public class Production {   // 产品类
    private int num=0;   // 属性 num 表示产品数量
    // 此处省略属性的 getter、setter 方法
    public int addProduction(int n) {   // 生产数量为 n 的产品
        num+=n;
        return num;
    }
    public boolean delProduction(int n) {   // 消费数量为 n 的产品
        if (n<=num) {
            num-=n;
            return true;
        }
        return false;
    }
    public static void main(String[] args) {   // 主方法
        Production production=new Production();   // 产品对象
        ProduceThread produceThread=new ProduceThread(production);   // 创建
生产者线程
        CustomerThread customerThread=new CustomerThread(production);   //
创建消费者线程
        produceThread.start();   // 启动生产者线程
        customerThread.start();   // 启动消费者线程
    }
}
```

运行程序，每次运行输出结果可能不同，部分输出结果如下所示。

```
产品数量不够,消费失败!
生产者生产数量:5
消费者消费数量:1
产品当前剩余数量-------4
消费者消费数量:1
产品当前剩余数量-------3
消费者消费数量:1
产品当前剩余数量-------2
```

13.5.2 加入线程

Thread 类中包含 join()方法，调用该方法意味着在当前线程中加入另一个线程，当前线程将等待加入的线程执行完毕后再继续执行。

【例】 为了防止细菌和病毒的感染，医生建议洗完手再吃饭。定义 WashThread 类表示洗手线程，主线程（执行“吃饭”的动作）需要等 WashThread 线程执行完毕后才能执行。具体代码如下所示。

```
public class EatClass {
    public static void main(String[] args) {  // 主方法
        WashThread washThread=new WashThread();  // 定义并创建 WashThread 对象
        washThread.start();  // 开启线程
        try {
            washThread.join();  // 在当前线程中加入线程
        } catch (InterruptedException e) {
            washThread.interrupt();  // 标记 washThread 线程中断
        }
        System.out.println("开始吃饭!");  // 打印输出
    }
}

public class WashThread extends Thread {
    public void run() {  // 线程真正功能
        System.out.println("开始洗手!");  // 打印输出
        try {
            Thread.sleep(3000);  // 线程休眠 3 秒
        } catch (InterruptedException e) {
            return;  // 遇到中断异常,直接返回
        }
        System.out.println("结束洗手!");  // 打印输出
    }
}
```

运行程序，输出结果如下所示。

```
开始洗手!
结束洗手!
开始吃饭
```

由输出结果可以看出，虽然 washThread 线程实例消耗的时间更长，但是主线程会一直等待 washThread 线程实例执行完毕后再执行。

13.6　线程池

开发多线程程序时，每次创建、启动、关闭线程都会消耗系统资源，如果操作不当还会带来一些安全问题。线程池是系统创建的一些线程的集合，线程池在系统启动时创建大量空闲的线程，开发者将任务传给线程池，线程池就启动一条空闲的线程来完成任务。任务结束后，线程不会销毁，而是恢复到空闲状态再次返回线程池并等待下一个任务。

使用线程池相当于系统来管理线程，开发者只需要将任务传递给线程池即可。Java 提供了 ExecutorService 类来管理线程池，该类可以控制线程数量和重用线程。

小试锋芒

在医院看病需要先挂号再问诊，请使用线程完成挂号功能，并等挂号成功后再执行问诊。程序代码参考如下。

```
public class TreatClass {
    public static void main(String[] args) {// 主方法
        RegistrationThread regThread=new RegistrationThread();// 定义并创建 RegistrationThread 对象
        regThread.start();// 开启线程
        try {
            regThread.join();// 在当前线程中加入线程
        } catch (InterruptedException e) {
            regThread.interrupt();// 标记 washThread 线程中断
        }
        System.out.println("开始问诊!");// 打印输出
    }
}
```

```
public class RegistrationThread extends Thread {
    public void run() {// 线程真正功能
        System.out.println("开始挂号!");// 打印输出
        try {
            Thread.sleep(3000);// 线程休眠 3 秒
        } catch (InterruptedException e) {
            return;// 遇到中断异常,直接返回
        }
        System.out.println("结束挂号!");// 打印输出
    }
}
```

第 14 章　网络编程

计算机通过路由器等设备接入网络，网络与网络串连形成了庞大的互联网，接入到互联网的各个计算机之间通过应用程序（如 QQ 等）可以互相通信，这些应用程序的实现正是依赖于网络编程。

了解网络基础知识，掌握网络编程的方法，能让你进一步熟悉计算机与计算机之间通信的具体过程。

14.1 网络知识

14.1.1 网络与网络协议

网络编程是指编写与其他计算机进行通信的程序。计算机网络实现了计算机与计算机之间的互连，网络应用程序借助网络协议实现计算机之间的数据交流，完成互联应用。

在现实世界中，大家接入到网络中时，好像都处于同一个网络，因为所有接入到网络中的计算机相互之间都能通信，但其实，我们经常使用的计算机网络是由许许多多不同类型的网络通过路由器互连而成的。

计算机与计算机之间想要互相通信，必须遵守同样的通信协议。国际标准化组织 ISO 于 1981 年提出了开放系统互联模型 OSI，该模型共分为七层，由下到上依次为：物理层、数据链路层、网络层、传输层、会话层、表示层和应用层。这个标准模型的建立大大推动了网络通信的发展。

14.1.2 TCP/IP 协议

TCP 协议是传输层协议，IP 协议是网络层协议。其实，人们常说的 TCP/IP 协议不只包含 TCP 协议和 IP 协议，它是一个协议簇，包含 FTP（应用层）、SMTP（应用层）、UDP（传输层）、TCP（传输层）、IP（网络层）等多种协议，在这些协议中，TCP 协议和 IP 协议最具有代表性，因此被称为 TCP/IP 协议。

IP 协议是表示网络之间互联的协议，它的全称为 Internet Protocol。它位于网络层，向上可以为传输层提供各种协议的信息，向下可以将 IP 信息包放到数据链路层传送。IP 协议不保证传送分组的可靠性和顺序，所传送的分组有可能丢失或者产生乱序。

TCP 协议是传输控制协议。它位于传输层，是一种面向连接的、可靠的传输层通信协议。许多更高级的协议也是建立在 TCP 协议之上的，例如我们浏览网页时使用的 HTTP 协议，发送邮件时使用的 SMTP 协议等。

UDP 协议是无连接通信协议，它不保证数据一定能可靠传输，它传输的数据也无法保证有序，但正是因为使用 UDP 协议无需建立连接，所以其数据传输速度更快。使用 UDP 协议能够向若干个目标地址发送数据，也可以接收来自若干个源的数据。

计算机与计算机之间相互通信其实是两台计算机中的进程间相互通信，而两个进程间相互通信依靠的则是 TCP、UDP 等协议。

技巧点拨

TCP 协议和 UDP 协议的应用场景

TCP 协议适用于对数据准确性要求高的场景，如文件传输，邮件的收发等。

UDP 协议适用于即时通信，对数据准确性要求不高的场景，如 IP 电话、实时视频会议等。

14.1.3 IP 地址

互联网的出现极大地改变了人们的生活，现在人们可以使用电脑上网，使用各种通讯软件（如微信、QQ 等）聊天，还能在线看电影、视频等，我们在使用这些服务之前，都需要与服务端进行连接，然后才能通信。那么，在互联网这个大网络中，用户的计算机是如何找到服务端的呢？

在现实生活中，我们要去商场买东西首先得知道商场的地址，在网络中也一样，想要与其他计算机进行连接也必须知道对方的地址。如果我们把整个因特网看成是一个大的网络，那么连接在这个网络中的每台计算机都有一个属于自己的唯一的标识符，这个标识符就是 IP 地址，它是一个 32 位的整数（IPv4 地址），是每台计算机在网络中的地址，计算机与计算机之间进行连接和通信都需要依靠 IP 地址。

IPv4 协议中的 IP 地址是 32 位的整数，为了便于阅读，人们一般把 IP 地址的每 8 位分为一组，共分为 4 组，组与组之间使用“.”分隔，最终将 IP 地址以“×.×.×.×”形式表示，例如 IP 地址“192.168.1.199”。

随着互联网中的用户数逐渐增多，IPv4 中的地址已经无法满足需求，因此又提出了 IPv6 协议，IPv6 协议中的地址是 128 位整数。

14.2 TCP 编程

14.2.1 套接字

套接字（Socket），是网络编程的基本组件。它位于传输层和应用层之间，是应用层与 TCP/IP 协议簇进行通信的中间层（图 14-1）。Socket 向下对 TCP/IP 协议进行封装，向上为应用层提供接口，应用程序通过 Socket 向网络发出请求或应答网络请求，使计算机与计算机之间可以互相通信。

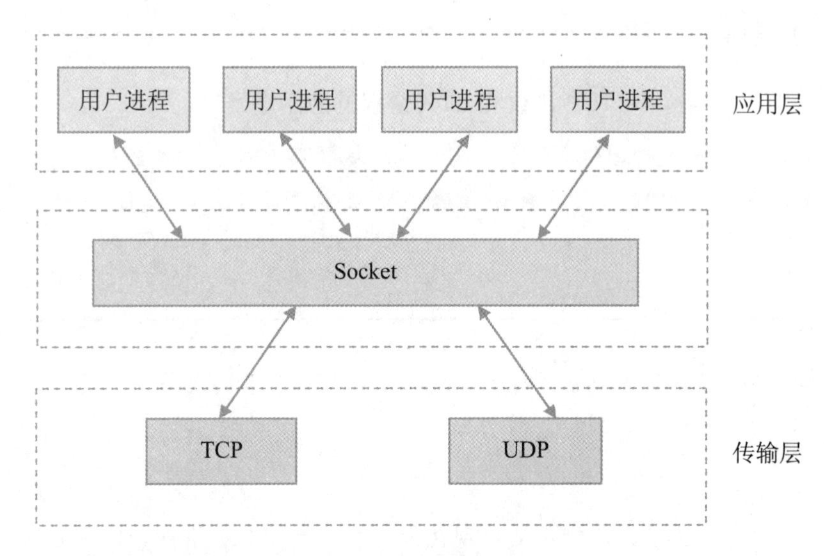

图 14-1　Socket 处于应用层和传输层之间

Socket 的功能是由操作系统提供的，Java 语言对其进行了简单的封装。为什么需要使用 Socket 进行网络通信呢？因为仅仅使用 IP 地址进行通信是远远不够的。同一台计算机同一时间可能需要运行多个网络应用程序，如浏览器、聊天软件、邮件等，如果一个数据包只包含 IP 地址，则无法区分这个数据包是提供给哪个应用程序的。

Socket 由 IP 地址和端口号组成，通过 Socket 可以将应用程序与端口连接起来，方便接收数据包。端口并非真实的物理存在，而是一个假想的连接装置。端口号的取值范围为 0～65535，一般选取 1024 以后的端口号，因为前面的已经被常用应用程序占用了。

14.2.2　使用套接字通信的流程

TCP 是面向连接的传输层协议，在传输数据之前，必须先建立连接。利用 TCP 协议进行通信的两个应用程序，一个为服务端程序，一个为客户端程序，客户端和服务端使用套接字进行通信的流程如图 14-2 所示。

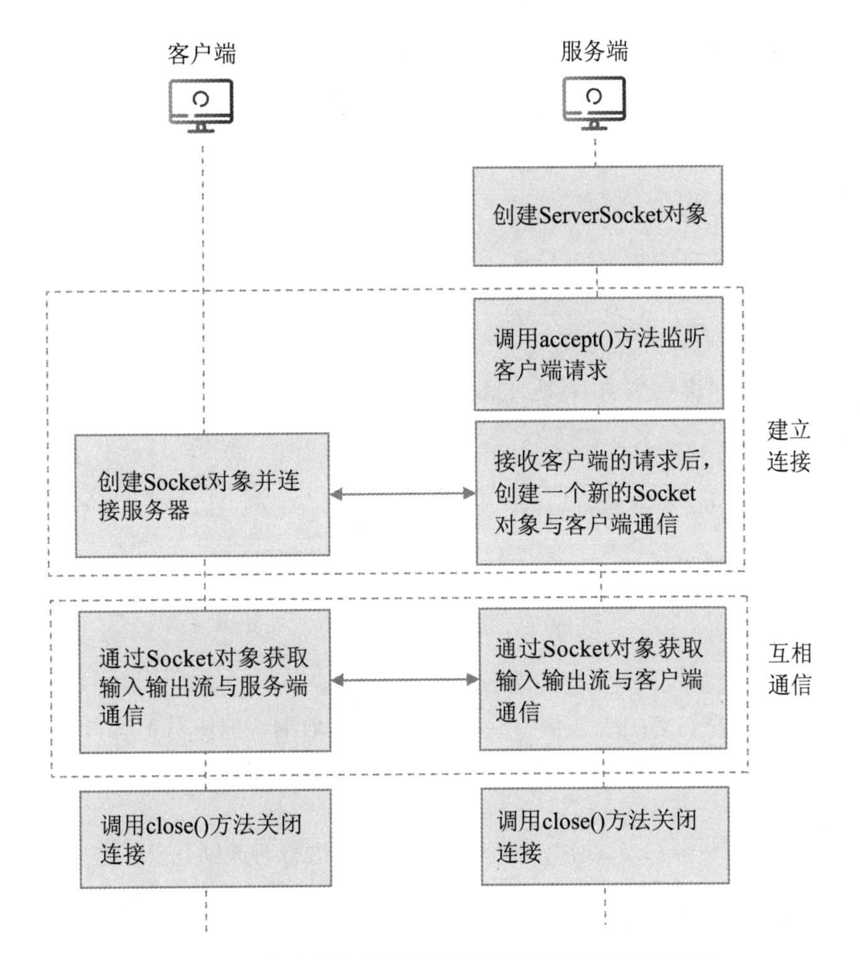

图 14-2　客户端和服务端使用套接字通信的流程

java.net.ServerSocket 类表示服务器套接字，它主要用于接收客户端的请求。服务器套接字一次可以与一个套接字连接，如果存在多个连接请求，则多余的连接请求会进入等待队列。常用的 ServerSocket 类的构造方法如下所示。

```
ServerSocket(int port)
```

port 表示应用程序使用的端口号，该构造方法用于创建一个绑定到特定端口的服务器套接字。

ServerSocket 类的常用方法如下所示。

```
accept()
```

该方法用于等待客户端的连接，若连接成功，则返回一个 Socket 对象。

```
isBound()
```

该方法用于判断 ServerSocket 的绑定状态。

```
getInetAddress()
```

该方法用于获取 InetAddress 对象，该对象表示服务器套接字的本地地址。

```
close()
```

该方法用于关闭服务器套接字。

```
bind(SocketAddress endpoint)
```

该方法将 ServerSocket 绑定到由 IP 地址和端口号指定的特定地址。

```
getLocalPort()
```

该方法用于获取服务器套接字监听的端口号。

14.2.3 TCP 编程实例

ServerSocket 对象通过 accept()方法与客户端建立连接，一旦连接建立成功将返回一个 Socket 对象，然后通过该 Socket 对象与客户端通信，ServerSocket 对象继续监听其他客户端连接。

Socket 对象通过 getInputStream()方法和 getOutputStream()方法可以分别获得输入流和输出流，用于读取信息和写入信息。

【例】 分别创建服务端和客户端，使二者基于 TCP 协议进行聊天通信。

定义 TCPServer 类表示服务端，定义 TCPClient 类表示客户端，服务端与客户端建立连接后，二者可互相发送消息，当接收到“exit”时，断开连接，通信结束。具体代码如下所示。

```
import java.io.BufferedReader;
import java.io.BufferedWriter;
import java.io.IOException;
import java.io.InputStream;
import java.io.InputStreamReader;
import java.io.OutputStream;
import java.io.OutputStreamWriter;
import java.net.ServerSocket;
import java.net.Socket;
import java.nio.charset.StandardCharsets;
import java.util.Scanner;
public class TCPServer {  // 服务端类
    public static void main(String[] args) throws IOException {
```

```
        ServerSocket serverSocket=new ServerSocket(6666);   // 监听指定端口
        System.out.println("服务器已启动,正在监听连接……");
        Socket socket=serverSocket.accept();
        System.out.println("与客户端建立连接,客户端地址:"+socket.getRemote-
SocketAddress());
        handle(socket);
    }
    public static void handle(Socket sock) {
        try (InputStream input=sock.getInputStream()) {  // 通过 sock 获取输入流
            try (OutputStream output=sock.getOutputStream()) {  // 通过 sock
获取输出流
                handle(input, output);  // 调用 handle()方法
            }
        } catch (Exception e) {  // 捕获异常
            try {
                sock.close();  // 关闭套接字
            } catch (IOException ioe) {
            }
            System.out.println("与客户端的连接断开。");  // 输出提示信息
        }
    }
    private static void handle(InputStream input, OutputStream output) throws
IOException {
        var writer=new BufferedWriter(new OutputStreamWriter(output, Stan-
dardCharsets.UTF_8));  // 创建 BufferedWriter 对象
        var reader=new BufferedReader(new InputStreamReader(input, Stan-
dardCharsets.UTF_8));  // 创建 BufferedReader 对象
        writer.write("★★你好,我是服务器! \n");  // 输出信息
        writer.flush();  // 刷新输出流
        Scanner scanner=new Scanner(System.in);  // 创建 Scanner 对象
        while (true) {  // 循环执行
            String strR=reader.readLine();  // 获取输入字符串
            System.out.println("☆☆客户端:"+strR);  // 将字符串输出
            if (strR.equals("exit")) {  // 如果字符串的内容为 exit
                writer.write("exit\n");  // 输出 exit\n
                writer.flush();  // 刷新输出流
```

```
                System.out.println("与客户端的连接关闭,会话结束!");  // 输出提
示信息
                break;  // 跳出循环
            }
            System.out.print(">>>");  // 输出提示信息
            String strW=scanner.nextLine();   // 读取一行输入
            writer.write("★★服务端: "+strW+"\n");  // 输出流输出信息
            writer.flush();  // 刷新输出流
        }
    }
}
```

客户端类（TcpClient）的代码如下。

```
import java.io.BufferedReader;
import java.io.BufferedWriter;
import java.io.IOException;
import java.io.InputStream;
import java.io.InputStreamReader;
import java.io.OutputStream;
import java.io.OutputStreamWriter;
import java.net.Socket;
import java.nio.charset.StandardCharsets;
import java.util.Scanner;
public class TCPClient {  // 客户端类
    public static void main(String[] args) throws IOException {  // 主方法
        Socket sock=new Socket("localhost",6666);  // 连接指定服务器和端口,lo-
calhost 表示本机
        try (InputStream input=sock.getInputStream()) {  // 获取输入流
            try (OutputStream output=sock.getOutputStream()) {  // 获取输出流
                handle(input,output);  // 调用 handle()方法
            }
        }
        sock.close();  // 关闭套接字
        System.out.println("与服务器的连接关闭,会话结束!");  // 输出提示信息
    }
```

```
    private static void handle(InputStream input, OutputStream output) throws
IOException {  // 处理方法
        var writer=new BufferedWriter(new OutputStreamWriter(output, Stan-
dardCharsets.UTF_8));  // 创建 BufferedWriter 对象
        var reader=new BufferedReader(new InputStreamReader(input, Stan-
dardCharsets.UTF_8));  // 创建 BufferedReader 对象
        System.out.println(reader.readLine());  // 输出 reader 对象读取的信息
        Scanner scanner=new Scanner(System.in);  // 创建 Scanner 对象
        while (true) {
            System.out.print(">>>");  // 打印提示
            String s=scanner.nextLine();  // 读取一行输入
            writer.write(s);  // 使用 writer 对象将字符串 s 输出
            writer.newLine();  // 输出换行
            writer.flush();  // 刷新输出流
            String strR=reader.readLine();  // 读取一行信息
            System.out.println(strR);  // 输出 strR
            if (strR.equals("exit")) {  // 如果 strR 的内容为 exit
                break;  // 跳出循环
            }
        }
    }
}
```

由于服务端和客户端是两个独立的程序，因此需要都启动运行（先启动服务端，后启动客户端），启动后服务端和客户端可以相互发送消息，服务端和客户端的输出结果分别如下所示。

服务端输出结果：

```
服务器已启动,正在监听连接……
与客户端建立连接,客户端地址:/127.0.0.1:52077
☆☆客户端:你好,我是客户端!
>>> 很高兴认识你!
☆☆客户端:谢谢!
>>> 不客气。
☆☆客户端:exit
与客户端的连接关闭,会话结束!
```

客户端输出结果：

```
★★你好,我是服务器!
>>>  你好,我是客户端!
★★服务端:很高兴认识你!
>>>  谢谢!
★★服务端:不客气。
>>> exit
exit
与服务器的连接关闭,会话结束!
```

14.3 UDP编程

UDP协议是无连接的通信协议，使用UDP协议传输数据时用户无法知道数据能否正确地到达目标主机，也不能确定到达的顺序是否与发送的顺序相同，但是使用UDP协议传输数据的速度更快。

基于UDP协议进行通信不需要建立连接，一次收发一个数据包，所以不需要使用输入输出流。

在Java中进行UDP编程通常需要使用DatagramPacket类和DatagramSocket类。DatagramPacket类位于java.net包中，表示数据包，该类的构造方法如下所示。

```
DatagramPacket(byte[] buf,int length)
DatagramPacket(byte[] buf,int length,InetAddress address,int port)
```

参数buf指数据包的内存空间，length指数据包的大小，address指目标地址，port指目标端口号。第一种构造方法根据指定的内存空间和大小创建数据包，第二种构造方法根据指定的内存空间和大小创建数据包，并在此基础上指定了数据包的目标地址和端口。

DatagramSocket类用于表示发送和接收数据包的套接字，该类的构造方法如下所示。

```
DatagramSocket()
DatagramSocket(int port)
```

第一种构造方法创建DatagramSocket对象，并将其绑定到本地主机任意可用的端口号，第二种构造方法将创建的对象绑定到指定端口号。

DatagramSocket对象可以通过send()方法发送数据包，通过receive()方法接收数据包。客户端通过DatagramSocket对象的connect()方法指定数据接收方的地址和端口号。

DatagramSocket 对象为什么包含 connect ()方法?

UDP 协议是无连接的通信协议，使用 UDP 协议进行网络编程时，通信双方不需要建立连接，为什么 DatagramSocket 对象具有 connect ()方法呢?

其实 DatagramSocket 对象的 connect ()方法只是指定了数据接收方的 IP 地址和端口号，确保 DatagramSocket 对象只能往指定的地址和端口号发送数据包，不能往其他地址和端口发送，这是 Java 内置的安全检查，并没有真正建立连接。

【例】 分别创建服务端和客户端，使二者基于 UDP 协议进行通信。

定义 UDPServer 类表示服务端，定义 UDPClient 类表示客户端，服务端与客户端建立连接后，客户端向服务端发送消息，服务端针对客户端消息进行回应（此例中服务端将客户端消息直接返回），当客户端输入“exit”时，断开连接，通信结束。具体代码如下所示。

```
import java.io.IOException;
import java.net.DatagramPacket;
import java.net.DatagramSocket;
import java.nio.charset.StandardCharsets;
import java.time.LocalDate;
import java.time.LocalDateTime;
import java.time.LocalTime;
import java.util.Scanner;
public class UDPServer {
    public static void main(String[] args) throws IOException {  // 主方法
        DatagramSocket datagramSocket=new DatagramSocket(6666);  // 创建 Dat-
agramSocket 对象
        System.out.println("服务器已启动...");  // 输出提示信息
        Scanner scan=new Scanner(System.in);  // 创建 Scanner 对象
        while (true) {// 循环
            byte[] buffer=new byte[1024];  // 创建字节数组
```

```
                DatagramPacket packet=new DatagramPacket(buffer,buffer.length);
// 创建 DatagramPacket 对象
                datagramSocket.receive(packet);  // 接收数据包
                String request=new String(packet.getData(),packet.getOffset(),
packet.getLength(),StandardCharsets.UTF_8);  // 将数据包的字节数据转为字符串
                System.out.println("客户端:"+request);  // 输出客户端发送的信息
                String respond="服务器:"+"消息已收到["+request+"]";  // 设置回应信息
                packet.setData(respond.getBytes(StandardCharsets.UTF_8));
// 设置数据包数据
                datagramSocket.send(packet);  // 发送数据包
                if ("exit".equals(request)) {  // 如果 request 的内容为 exit
                    System.out.println("连接断开,通信结束。");  // 输出提示信息
                    break;  // 跳出循环
                }
            }
        }
    }

    import java.io.IOException;
    import java.net.DatagramPacket;
    import java.net.DatagramSocket;
    import java.net.InetAddress;
    import java.util.Scanner;
    public class UDPClient {
        public static void main(String[] args) throws IOException,InterruptedEx-
ception {
            DatagramSocket datagramSocket=new DatagramSocket();  // 创建 Datagram-
Socket 对象
            datagramSocket.setSoTimeout(1000);  // 设置超时时间
            datagramSocket.connect(InetAddress.getByName("localhost"),6666);
// 指定连接的服务器和端口
            DatagramPacket packet=null;  // 创建 DatagramPacket 对象
            Scanner scan=new Scanner(System.in);  // 创建 Scanner 对象
            while (true) {// 循环
                System.out.print(">>>");// 输出提示信息
```

```
            String request=scan.nextLine();  // 获取控制台输入信息
            byte[] data=request.getBytes();  // 将字符串转换为字节
            packet=new DatagramPacket(data,data.length);  // 创建 Datagram-
Packet 对象
            datagramSocket.send(packet);  // 发送数据包
            byte[] buffer=new byte[1024];  // 创建字节数组
            packet=new DatagramPacket(buffer,buffer.length);  // 创建 Data-
gramPacket 对象
            datagramSocket.receive(packet);// 接收数据包
            String response=new String(packet.getData(),packet.getOffset(),
packet.getLength());  // 将数据包数据转为字符串
            System.out.println(response);  // 输出接收到的数据信息
            if ("exit".equals(request)) {  // 如果 request 内容为 exit
                break;  // 跳出循环
            }
            Thread.sleep(1500);  // 休眠 1500 毫秒
        }
        datagramSocket.disconnect();  // 断开连接
        System.out.println("连接断开,通信结束。");  // 输出提示信息
    }
}
```

由于服务端和客户端是两个独立的程序，因此需要都启动运行（先启动服务端，后启动客户端），启动后服务端和客户端可以进行通信，服务端和客户端的输出结果分别如下所示。

服务端输出结果：

```
服务器已启动…
客户端:你好
客户端:这里是客户端
客户端:exit
连接断开,通信结束。
```

客户端输出结果：

```
>>> 你好
服务器:消息已收到[你好]
>>> 这里是客户端
服务器:消息已收到[这里是客户端]
```

```
>>> exit
服务器:消息已收到[exit]
连接断开,通信结束。
```

在实际应用过程中，进行网络编程时通常使用多线程方式，你能将14.2.3的TCP编程实例修改为多线程模式吗？

程序代码参考如下。

```
import java.io.BufferedReader;
import java.io.BufferedWriter;
import java.io.IOException;
import java.io.InputStream;
import java.io.InputStreamReader;
import java.io.OutputStream;
import java.io.OutputStreamWriter;
import java.net.ServerSocket;
import java.net.Socket;
import java.nio.charset.StandardCharsets;
import java.util.Scanner;
public class TCPServer2 {
    public static void main(String[] args) throws IOException {
        ServerSocket serverSocket=new ServerSocket(6666);   //监听指定端口
        while (true) {
            System.out.println("服务器已启动,正在监听连接……");
            Socket socket=serverSocket.accept();
```

```
            System.out.println("与客户端建立连接,客户端地址:"+socket.
getRemoteSocketAddress());
            Thread t=new Handler(socket);
            t.start();
        }
    }
}
class Handler extends Thread {
    Socket sock;
    public Handler(Socket sock) {
        this.sock=sock;
    }
    @ Override
    public void run() {
        try (InputStream input=this.sock.getInputStream()) {
            try (OutputStream output=this.sock.getOutputStream()) {
                handle(input, output);
            }

        } catch (Exception e) {
            try {
                this.sock.close();
            } catch (IOException ioe) {
            }
            System.out.println("客户端断开连接。");
        }
    }
    private void handle(InputStream input, OutputStream output) throws
IOException {
        var writer=new BufferedWriter(new OutputStreamWriter(output,
StandardCharsets.UTF_8));
        var reader=new BufferedReader(new InputStreamReader(input,
StandardCharsets.UTF_8));
```

```
            writer.write("★★你好,我是服务器! \n");
            writer.flush();
            Scanner scanner=new Scanner(System.in);
            while (true) {
                String strR=reader.readLine();
                System.out.println("☆☆客户端("+sock.getRemoteSocketAd-
dress()+"):"+strR);
                if (strR.equals("exit")) {
                    writer.write("exit\n");
                    writer.flush();
                    break;
                }
                System.out.print(">>>");
                String strW=scanner.nextLine();    // 读取一行输入
                writer.write("★★服务端: "+strW+"\n");
                writer.flush();
            }
        }
    }
```

第 15 章　数据库编程

数据存储是程序开发过程中需要处理的一项重要内容。使用变量、文件的方式均可以存储数据，其中变量将数据存储于内存中，当程序运行终止时，变量中的数据也随之消失；文件将数据存储于磁盘，它虽然不会随着程序的结束而消失，但是存储于文件中的数据不方便查询和修改，因此数据库成为项目开发过程中数据存储的重要工具。

JDBC 技术是连接数据库与 Java 应用程序的纽带，用户通过 JDBC 技术可以快速地访问和操作数据库。

15.1 数据库简介

数据库是一种存储结构，它按照数据结构来组织、存储和管理数据，是数据的存储仓库。

数据库自从1950年诞生以来，经历了网状数据库、层次数据库和关系数据库等各个阶段的发展，数据库技术在各个方面都获得快速的发展。关系型数据库是目前最流行的数据库，它由一系列表格组成，是基于关系模型建立的数据库，它分为付费型和免费型，如图15-1所示。

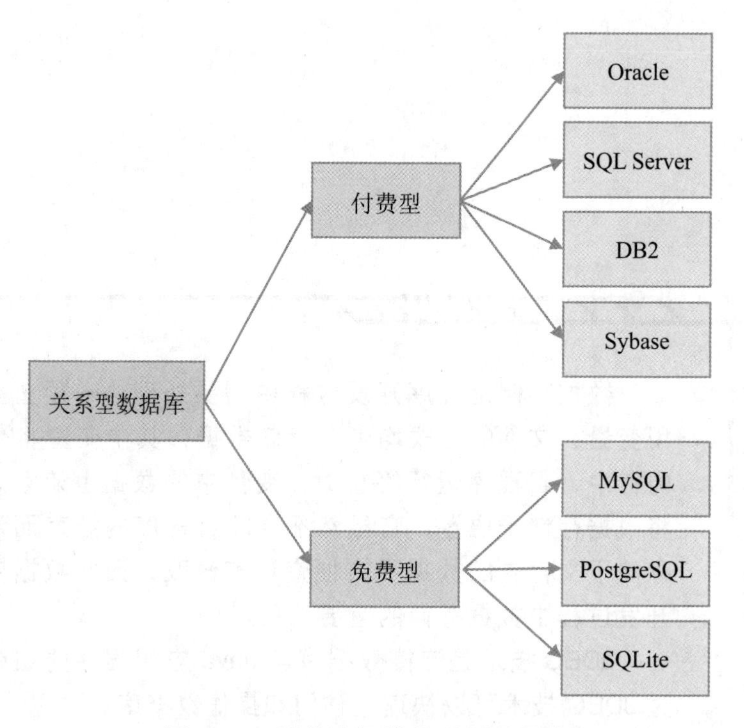

图 15-1 目前流行的关系型数据库

MySQL数据库是一款开源的关系型数据库，它具有跨平台、安全、高效、使用简单、运行速度快等优点，是当前比较流行的关系型数据库。本书以MySQL数据库为例进行演示，介绍在Java语言中进行数据库编程的方法。

15.2　JDBC 简介

15.2.1　认识 JDBC

在 Java 中想要执行 SQL 语句需要使用一种 Java API，那就是 JDBC。有了 JDBC 也无法直接访问和操作数据库，想要访问和操作数据库离不开数据库厂商提供的 JDBC 驱动程序。

使用 JDBC 操作数据库的主要步骤如图 15-2 所示。

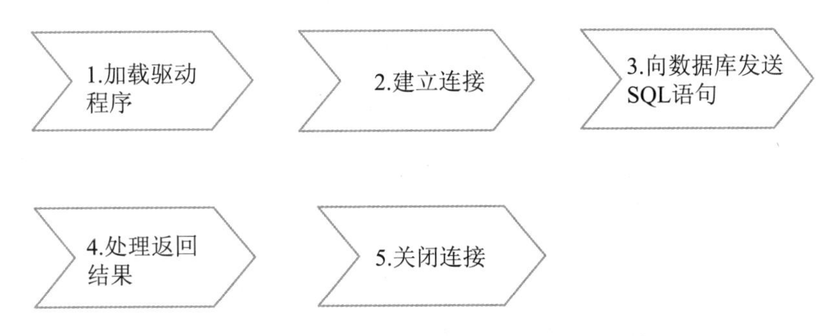

图 15-2　使用 JDBC 操作数据库的主要步骤

15.2.2　JDBC 中常用的类和接口

java. sql 包中提供了丰富的类和接口，使用这些类和接口可以帮助开发者方便地进行数据库编程。

1. DriverManager 类

DriverManager 类用来管理数据库中的驱动程序，并提供建立数据库连接等功能。

以 MySQL 数据库为例，首先从网址 https://dev. mysql. com/downloads/connector/j/下载 MySQL 数据库的驱动程序（本书以 mysql-connector-java-8. 0. 28. jar 为例），在项目文件夹下建立 lib 文件夹，将下载的驱动程序拷贝到 lib 文件夹下，在 Eclipse 中右击该 jar 文件，在弹出的菜单中选择“Build Path-Add to Build Path”菜单，然后就可以正常使用该驱动程序了。

加载 MySQL 数据库驱动程序的代码如下所示。

```
try {
    Class.forName("com.mysql.jdbc.Driver");
} catch (ClassNotFoundException e) {
```

```
        e.printStackTrace();
    }
```

通过 Class. forName ()方法加载完数据库的驱动后，Java 会自动将驱动程序的实例注册到 DriverManager 类中，这时就可以通过 DriverManager 类的 getConnection ()方法与指定数据库建立连接，其语法格式如下所示。

```
getConnection(String url,String user,String password)
```

参数 url 表示数据库地址，user 表示访问数据库的用户名，password 表示连接数据库的密码。

2. Connection 接口

通过 DriverManager 类的 getConnection ()方法可以获得 Connection 接口对象，Connection 接口代表与指定数据库之间的连接，通过 Connection 接口可以执行 SQL 语句并返回结果。Connection 接口的常用方法如下。

```
createStatement()
```

该方法用于创建 Statement 对象。

```
prepareStatement()
```

该方法用于创建预处理 PreparedStatement 对象。

```
commit()
```

该方法使上一次提交/回滚操作后进行的操作成为持久更改，并释放 Connection 对象持有的数据库锁。

```
rollback()
```

该方法取消在当前事务中进行的更改，并释放此 Connection 对象当前持有的数据库锁。

```
close()
```

该方法关闭数据库连接并立即释放此 Connection 对象占用的数据库和 JDBC 资源。

3. Statement 接口

Statement 接口用于向数据库发送 SQL 语句。Statement 对象用于执行不带参数的简单 SQL 语句，如果想要执行动态的 SQL 语句，则需要使用 PreparedStatement 接口对象。

Statement 接口的常用方法如下。

```
execute(String sql)
```

该方法执行静态的 SQL 语句。

```
executeQuery(String sql)
```

该方法用于执行给定的 SQL 查询语句，返回单个 ResultSet 对象。

```
executeUpdate(String sql)
```

该方法用于执行给定的 SQL 更新语句，如 INSERT、UPDATE、DELETE 语句等，返回影响的行数。

```
close()
```

该方法释放此 Statement 实例占用的数据库和 JDBC 资源。

PreparedStatement 接口继承了 Statement 接口，因此包含 Statement 接口的方法，另外，它还包含以下方法。

```
setInt(int parameterIndex,int x)
```

该方法将指定位置（parameterIndex）的参数设置为 int 值（x），类似功能的方法还有 setDouble()、setFloat()、setBoolean()等。

技巧点拨

PreparedStatement 接口的优点

相比于 Statement 接口，PreparedStatement 接口具有以下优点。

（1）使用 Statement 对象时需要拼接 SQL 语句，使用 PreparedStatement 对象虽然可能需要多写几行代码，但是无需拼接 SQL 语句，这就提高了代码的可读性和可维护性。

（2）使用 Statement 对象执行 SQL 语句时，每次都需要对 SQL 语句进行解析和编译，但是 PreparedStatement 对象会对 SQL 语句进行预编译，多次执行 SQL 语句无需进行多次编译，直接执行即可，提高了 SQL 语句的执行效率。

（3）PreparedStatement 对象使用预编译 SQL 语句，用户传入的数据不会和预编译的 SQL 语句进行拼接，因此避免了 SQL 注入攻击，提高了安全性能。

4. ResultSet 接口

ResultSet 接口类似于一个临时表，用于暂时存储数据库查询操作的结果集，ResultSet 实例具有指向当前数据行的指针，通过 next ()方法可将指针向下移动一行，通过 first ()方法和 last ()方法可以将指针分别移到当前记录的第一行和最后一行。

关闭连接

在进行数据库操作过程中，需要首先建立数据库连接，然后通过数据库连接获取 Statement 对象或 PreparedStatement 对象，通过 Statement 或 PreparedStatement 对象执行 SQL 语句。

无论是数据库连接对象还是 Statement 对象或 PreparedStatement 对象，它们都具有 close ()方法，close ()方法用于释放实例占用的数据库和 JDBC 资源，在数据库操作结束后，须调用 close ()方法释放这些资源，如果不进行此操作，则资源无法释放，这样会使得程序的内存急速增长，最终可能导致内存溢出。

15.3 数据库操作

与数据库建立连接之后，就可以对数据库中的数据进行操作了。本书以 MySQL 数据库为例，介绍如何在 MySQL 数据库中对数据进行增、删、改、查等操作。

在 MySQL 数据库中创建 staff_info 表和 attendance 表，分别用于存储员工的基本信息和出勤信息，两个表中包含的数据信息分别见表 15-1 和表 15-2。

表 15-1　staff_info 表的数据信息

id (int)	name (varchar)	age (int)	tel (varchar)
1	王琳	25	13366668888
2	张兰	28	
3	李明	30	15216661888

表 15-2　attendance 表的数据信息

att_id (int)	staff_id (int)	date (date)	attendance (int)
1	1	2022-04-01	1
2	2	2022-04-01	0
3	3	2022-04-01	1
4	1	2022-04-02	1

【例】对 attendance 表进行添加、修改和删除操作，然后对 staff_info 表和 attendance 表进行联合查询，展示员工出勤信息。具体代码如下所示。

```
import java.sql.Connection;
import java.sql.Date;
import java.sql.DriverManager;
import java.sql.PreparedStatement;
import java.sql.ResultSet;
import java.sql.SQLException;
import java.sql.Statement;
import java.text.ParseException;
import java.text.SimpleDateFormat;
public class AttendanceJDBC {
    private Connection conn;  // 声明数据库连接对象
    public void init() {  // 对数据库连接进行初始化
        // 创建数据库连接对象
        try {
            Class.forName("com.mysql.cj.jdbc.Driver");
            conn=DriverManager.getConnection("jdbc:mysql://127.0.0.1:3306/
staffdb","root","123456");
```

```
            } catch (SQLException e) {
                e.printStackTrace();
            } catch (ClassNotFoundException e) {
                e.printStackTrace();
            }
        }
        // 新增数据
        public void add(int attId,int staffId,Date date,int attendance) {
            // 创建字符串 sql 表示 sql 语句
            String sql="insert into staffdb.attendance (att_id,staff_id,date,
attendance) values (?,?,?,?)";
            PreparedStatement ps=null;  // 创建 PreparedStatement 对象
            try {
                ps=conn.prepareStatement(sql);  // 获取 PreparedStatement 实例
                ps.setInt(1,attId);  // 设置 SQL 语句中参数 1 的值为 attId
                ps.setInt(2,staffId);  // 设置 SQL 语句中参数 2 的值为 staffId
                ps.setDate(3,date);  // 设置 SQL 语句中参数 3 的值为 date
                ps.setInt(4,attendance);  // 设置 SQL 语句中参数 4 的值为 attendance
                ps.executeUpdate();  // 执行 SQL 语句
                System.out.println("新增一条数据信息!");  // 打印输出
            } catch (SQLException e) {  // 捕获异常
                System.out.println("向数据库表 staffdb.attendance 中插入数据失败!");
  // 输出提示语
                e.printStackTrace();  // 输出错误信息
            } finally {
                try {
                    if (ps!=null) {
                        ps.close();  // 关闭 ps
                    }
                } catch (SQLException e) {
                    e.printStackTrace();
                }
            }
        }
        // 删除数据
        public void del(int attId) {
```

```
        String sql="delete from staffdb.attendance where att_id= ?";  // 创建字符
串 sql 表示 sql 语句
        PreparedStatement ps=null;  // 创建 PreparedStatement 对象
        try {
            ps=conn.prepareStatement(sql);  // 获取 PreparedStatement 的实例
            ps.setInt(1,attId);  // 设置 SQL 语句中参数 1 的值为 attId
            int c=ps.executeUpdate();  // 执行 SQL 语句,并将结果赋值给 c
            System.out.println("共删除"+c+"条数据!");  // 输出提示信息
        } catch (SQLException e) {  // 捕获异常
            e.printStackTrace();  // 输出错误信息
        } finally {
            try {
                ps.close();  // 关闭 ps
            } catch (SQLException e) {
                e.printStackTrace();  // 输出错误信息
            }
        }
    }
    // 更新数据
    public void update(int attId,int attendance) {
        String sql="update staffdb.attendance set attendance= ? where att_id
= ?";  // 创建字符串 sql 表示 sql 语句
        PreparedStatement ps=null;  // 创建 PreparedStatement 对象
        try {
            ps=conn.prepareStatement(sql);  // 获取 PreparedStatement 实例
            ps.setInt(1,attendance);  // 设置 SQL 语句中参数 1 的值为 attendance
            ps.setInt(2,attId);  // 设置 SQL 语句中参数 2 的值为 attId
            int c=ps.executeUpdate();  // 执行 SQL 语句,并将结果赋值给 c
            System.out.println("更新了"+c+"条数据!");  // 输出提示信息
        } catch (SQLException e) {  // 捕获异常
            e.printStackTrace();  // 输出错误信息
        } finally {
            try {
                ps.close();  // 关闭 ps
            } catch (SQLException e) {
                e.printStackTrace();  // 输出错误信息
            }
```

```
            }
        }
        // 显示数据
        public void showAttendance() {
            Statement st=null;  // 创建 Statement 对象
            try {
                st=conn.createStatement();  // 实例化 Statement 对象
                // 创建字符串 sql 表示 sql 语句
                String sql="SELECT attendance.att_id,staff_info.name,attendance.
date,attendance.attendance "
                        +"FROM staffdb.attendance,staffdb.staff_info "+"where at-
tendance.staff_id= staff_info.id";
                ResultSet rs=st.executeQuery(sql);  // 执行查询操作
                while (rs.next()) {  // 当 rs.next()不为空
                    // 输出数据信息
                    System.out.print("考勤编号:"+rs.getString("att_id"));
                    System.out.print(" 员工姓名:"+rs.getString("name"));
                    System.out.print(" 考勤日期:"+rs.getDate("date"));
                    System.out.println(" 出勤信息:"+rs.getString("attendance"));
                }
                rs.close();  // 关闭连接
            } catch (SQLException e) {  // 捕获异常
                e.printStackTrace();  // 输出错误信息
            } finally {
                try {
                    st.close();  // 关闭 st
                } catch (SQLException e) {
                    e.printStackTrace();  //输出错误信息
                }
            }
        }
        public void closeConnection() {  // 关闭数据库连接
            if (conn!=null) {  // 如果 conn 不为 null
                try {
                    conn.close();  // 关闭连接
                } catch (SQLException e) {
```

```
                e.printStackTrace();  // 输出错误信息
            }
        }
    }
    public static void main(String[] args) throws ParseException {  // 主方法
        AttendanceJDBC attendanceJdbc=new AttendanceJDBC();  // 创建 Atten-
danceJDBC 对象
        attendanceJdbc.init();  // 调用初始化方法 init()
        System.out.println("attendance 表的数据信息:");  // 输出提示信息
        attendanceJdbc.showAttendance();  // 展示考勤数据信息
        Date date=new Date(new SimpleDateFormat("yyyy-MM-dd").parse("2022-04-
02").getTime());  // 创建日期对象
        attendanceJdbc.add(5,2,date,0);  // 新增考勤信息
        attendanceJdbc.update(5,1);  // 更新考勤信息
        System.out.println("向 attendance 表中添加并更新数据后的数据信息:");
 // 输出提示语
        attendanceJdbc.showAttendance();  // 展示考勤信息
        attendanceJdbc.del(5);  // 删除考勤数据
        attendanceJdbc.closeConnection();  // 关闭数据库连接
    }
}
```

运行程序，输出结果如下所示。

```
attendance 表的数据信息:
考勤编号:1 员工姓名:王琳 考勤日期:2022-04-01 出勤信息:1
考勤编号:2 员工姓名:张兰 考勤日期:2022-04-01 出勤信息:0
考勤编号:3 员工姓名:李明 考勤日期:2022-04-01 出勤信息:1
考勤编号:4 员工姓名:王琳 考勤日期:2022-04-02 出勤信息:1
新增一条数据信息!
更新了 1 条数据!
向 attendance 表中添加并更新数据后的数据信息:
考勤编号:1 员工姓名:王琳 考勤日期:2022-04-01 出勤信息:1
考勤编号:2 员工姓名:张兰 考勤日期:2022-04-01 出勤信息:0
考勤编号:3 员工姓名:李明 考勤日期:2022-04-01 出勤信息:1
考勤编号:4 员工姓名:王琳 考勤日期:2022-04-02 出勤信息:1
考勤编号:5 员工姓名:张兰 考勤日期:2022-04-02 出勤信息:1
共删除 1 条数据!
```

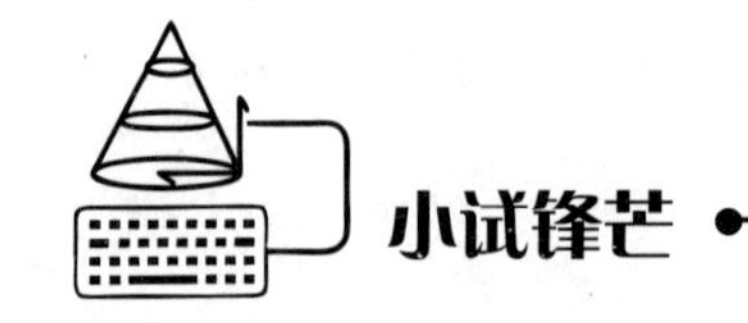

15.3 的示例展示了对 attendance 表的增、删、改、查操作，请你在 15.3 示例的基础上，新增如下功能：根据员工姓名显示员工的考勤信息。

程序代码参考如下。

```
    public void showAttendanceByName(String name) {
        PreparedStatement ps=null;// 创建 Statement 对象
        try {
            String sql="SELECT attendance.att_id,staff_info.name,at-
tendance.date,attendance.attendance "
                +"FROM staffdb.attendance,staffdb.staff_info "
                +"where attendance.staff_id= staff_info.id and staff_
info.name= ?";
            ps=conn.prepareStatement(sql);// 实例化 Statement 对象
            ps.setString(1, name);
            ResultSet rs=ps.executeQuery();// 执行查询操作
            while (rs.next()) {// 当 rs.next()不为空
                System.out.print("考勤编号:"+rs.getString("att_id"));
                System.out.print(" 员工姓名:"+rs.getString("name"));
                System.out.print(" 考勤日期:"+rs.getDate("date"));
                System.out.println(" 出勤信息:"+rs.getString("attendance"));
            }
            rs.close();// 关闭连接
        } catch (SQLException e) {// 捕获异常
            e.printStackTrace();// 输出错误信息
        } finally {
            try {
                ps.close();// 关闭 ps
            } catch (SQLException e) {
                e.printStackTrace();// 输出错误信息
            }
        }
    }
```

第 16 章　Swing 用户界面组件

桌面窗体程序是类似于 QQ 聊天软件、Office 办公软件等包含窗体的桌面应用，Java 中的 Swing 组件专门用于开发桌面窗体程序。

Swing 库中包含多种界面组件，如标签、文本框、按钮等，使用 Swing 组件可以创建内容丰富的窗体界面。通过布局管理器可以对界面组件的位置和大小进行设置，从而创建出理想的界面效果。

16.1 认识Swing

到目前为止，本书的示例程序都是输出到控制台上的，在实际应用中这种展示方式并不友好。GUI（Graphical User Interface）即图形用户接口，是指采用图形方式显示的计算机操作用户界面，如窗口、菜单、按钮等图形界面元素，我们经常使用的Word办公软件、QQ聊天软件等均为GUI程序。

在Java 1.0刚刚出现时就包含了一个用于基本GUI程序设计的类库——AWT（Abstract Window Toolkit，抽象窗口工具包），但是AWT组件是利用本地操作系统的图形库，因此它的组件是各个操作系统的交集，这使得它的组件类型不够丰富且无扩展性。

Swing是JDK的第二代GUI框架，相比于AWT，它开发的桌面窗体程序用户界面元素更加丰富，对底层平台依赖更少，功能更加强大，性能也更优良。

AWT与Swing组件

Swing库的相关类位于javax. swing包中，javax表示这是一个扩展包，而非核心包。Swing组件是基于AWT框架实现的，因此很多组件在awt包中与swing包中都存在。Swing组件多以“J”开头，例如表示框架的Frame类与JFrame类分别位于awt与swing包中，在具体开发时如果少写了“J”，程序可能并不会报错，但可能会导致视觉效果与预想的不一致。

16.2 Swing组件

16.2.1 JFrame窗体

在桌面窗体程序中，顶层窗口（没有包含在其他窗口中的窗口）被称为框架（frame）。AWT库中使用Frame类来描述顶层窗口，在Swing库中使用JFrame类来描述顶层窗口，JFrame类继承自

Frame 类。

开发 Swing 程序时，首先通过继承 javax. swing. JFrame 类创建一个窗体，然后向这个窗体中添加组件，最后为添加的组件设置监听事件。

通过 new 关键字实例化 JFrame 对象可以直接创建窗体，具体代码如下所示。

```
new JFrame();  // 创建无标题窗体
new JFrame("标题");  //创建带有标题的窗体
```

如果在 main()方法中使用 new 关键字创建一个窗体，会发现窗体并不会出现，这是因为窗体默认是不可见的。JFrame 类包含多种设置窗体的方法，具体如下。

```
setBounds(int x,int y,int width,int height)
```

该方法设置窗体左上角在屏幕中的坐标位置为（x，y），宽度为 width，高度为 height。

```
setLocation(int x,int y)
```

该方法设置窗体左上角在屏幕中的坐标位置为（x，y）。

```
setSize(int width,int height)
```

该方法设置窗体的宽度为 width，高度为 height。

```
setVisible(boolean b)
```

该方法设置窗体是否可见，b 为 true 时可见，否则不可见。

JFrame 类中的 setDefaultCloseOperation(int operation)方法将 JFrame 窗体的关闭方式设置为 operation 指定的方式，关闭方式共包含四种，这四种方式以及含义如下所示。

DO_NOTHING_ON_CLOSE：关闭窗体时，不触发任何操作。

HIDE_ON_CLOSE：关闭窗体时，隐藏窗体但不释放资源。

DISPOSE_ON_CLOSE：关闭窗体时，释放窗体资源，窗体消失，但程序不会终止。

EXIT_ON_CLOSE：关闭窗体时释放窗体资源并关闭程序。

【例】 创建一个标题为“My Frame”的窗体。具体代码如下所示。

```
import javax.swing.JFrame;
public class MyFrame extends JFrame {
    public MyFrame(String title) {  // 构造方法
        super(title);  // 调用父类构造方法
    }
    public static void main(String[] args) {  // 主方法
        MyFrame frame=new MyFrame("My Frame");  // 创建 MyFrame 实例
        frame.setVisible(true);  // 设置窗体可见
```

```
        frame.setBounds(200,200,500,300);  // 设置窗体的坐标和大小
        frame.setDefaultCloseOperation(EXIT_ON_CLOSE);  // 设置窗体的关闭模式
    }
}
```

运行程序，将弹出一个标题为“My Frame”，大小为500像素*300像素的窗体。

16.2.2 JLabel 标签

JLabel标签类继承自JComponent类，标签主要用于显示文本、图标等内容，使用标签可以方便地对文本、图标等内容进行定位布局，使界面展示效果更加美观。

JLabel类包含多个构造方法，常用的构造方法见表16-1。

表16-1 JLabel类的常用构造方法

方 法	说 明
public JLabel()	创建一个不带图标和文本的标签
public JLabel(String text)	创建一个只带文本的标签
public JLabel(String text，int alignment)	创建一个带文本的标签，同时设置文本的水平对齐方式

16.2.3 JTextField 文本框

Swing包中使用JTextField类来描述文本框组件，文本框组件常常应用于表单中来获取用户的输入信息。

JTextField类包含多个构造方法，常用的构造方法如下。

```
public JTextField()
```

该构造方法创建一个空文本框。

```
public JTextField(String text)
```

该构造方法创建一个指定文本的文本框。

```
public JTextField(int columns)
```

该构造方法创建一个指定列宽的空文本框。

```
public JTextField(String text,int columns)
```

该构造方法创建一个指定文本和列宽的文本框。

16.2.4　JButton 按钮

Swing 包中使用 JButton 类来描述按钮，按钮是窗体中最常用的组件之一，JButton 类常用的构造方法见表 16-2。

表 16-2　JButton 类常用的构造方法

方　　法	说　　明
public JButton()	创建一个不带文本或图标的按钮
public JButton(String text)	创建一个带文本的按钮

【例】某交友软件需要录入用户的信息，请使用标签、文本框以及按钮来完成录入用户信息界面。具体代码如下所示。

```
import java.awt.Container;
import java.awt.FlowLayout;
import java.awt.Font;
import javax.swing.JButton;
import javax.swing.JFrame;
import javax.swing.JLabel;
import javax.swing.JTextField;
public class MyFrame extends JFrame {
    public MyFrame(String title) {   // 构造方法
        super(title);   // 调用父类构造方法
    }
    public static void main(String[] args) {   // 主方法
        MyFrame frame=new MyFrame("My Frame");   // 创建 MyFrame 实例
        Container c=frame.getContentPane();   // 获得窗体面板容器
        c.add(new JLabel("姓名:"));   // 在容器 c 中添加标签
        JTextField jtName=new JTextField(20);   // 创建文本框组件 jtName
        jtName.setFont(new Font("宋体",Font.PLAIN,20));   // 为 jtName 设置字体
        c.add(jtName);   // 在容器 c 中添加文本框
        c.add(new JLabel("年龄:"));   // 在容器 c 中添加标签
        JTextField jtAge=new JTextField(20);
        jtAge.setFont(new Font("宋体",Font.PLAIN,20));
```

```
        c.add(jtAge);  // 在容器 c 中添加文本框
        c.add(new JLabel("爱好:"));  // 在容器 c 中添加标签
        JTextField jtHobby=new JTextField(20);
        jtHobby.setFont(new Font("宋体",Font.PLAIN,20));
        c.add(jtHobby);  // 在容器 c 中添加文本框
        frame.add(new JButton("提交"));  // 在容器 c 中添加按钮
        frame.setVisible(true);  // 设置窗体可见
        frame.setBounds(200,200,500,300);  // 设置窗体的坐标和大小
        frame.setDefaultCloseOperation(EXIT_ON_CLOSE);  // 设置窗体的关闭模式
    }
}
```

运行程序，弹出的窗体界面如图 16-1 所示。

图 16-1　弹出的窗体

由图 16-1 可见，标签、文本框都没有出现，界面中只有“提交”按钮，之所以产生这样的展示效果与 Swing 的布局有关，想要展示出理想的界面效果就要学会如何使用布局管理器。

技巧点拨

其他 Swing 组件

Swing 库中包含多种组件，除了书中介绍的窗体、标签、文本框、按钮组件外，还有面板类组件，如 JPanel 面板、JScrollPane 滚动面板；对话框类组件，如 JDialog 对话框、JOptionPane 小型对话框；按钮类组件，如 JRadioButton 单选按钮、JCheckBox 复选框；列表类组件，如 JComboBox 下拉列表框、JList 列表框；表格组件 JTable 等，具体使用时根据不同需求选择合适的组件。

16.3　布局管理器

Container（容器）对象包含 add()方法，可以将 Component 对象加入容器中。标签、文本框、按钮等组件都继承于 Component 类，因此组件可以放置在容器中，Container 类本身也可以放置到另一个容器中。

在创建桌面窗体时，添加到窗体容器中的组件将如何排列呢？在 Java 中组件的布局是通过布局管理器来控制的。组件添加到容器中，布局管理器决定容器中的组件具体放置的位置和大小。

Java 中包含以下几种常见的布局管理器。

16.3.1　BorderLayout 边框布局管理器

边框布局管理器是 JFrame 内容窗格的默认布局管理器。边框布局管理器将界面划分为东、西、南、北、中 5 个区域（图 16-2），采用边框布局管理器时可以为每个组件设置一个放置位置，例如将新添加的组件 component 放置在北侧的代码如下所示。

```
frame.add(component,BorderLayout.NORTH);
```

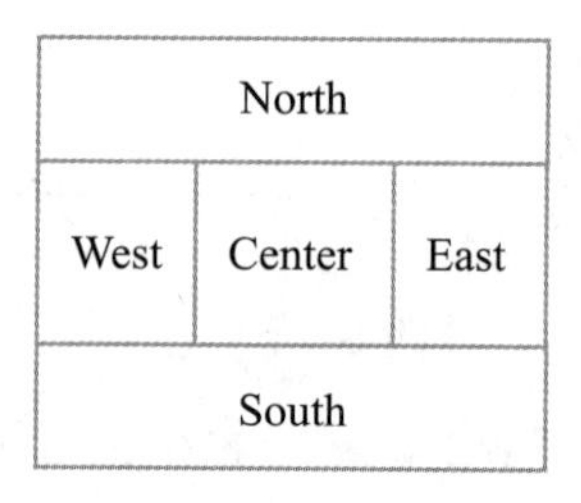

图 16-2　边框布局

使用边框布局管理器时，首先设置边缘组件，剩余的空间由中间组件占据。当容器被缩放时，边缘组件的厚度保持不变，中部组件的大小会发生变化。BorderLayout 布局类中包含 NORTH、SOUTH、EAST、WEST 和 CENTER 常量，这些常量用于指定组件位置，默认采用 CENTER。边框布局会扩展组件的尺寸以便填满可用空间，而且如果同一空间中出现第二个组件则会取代第一个组件的位置。在 16.2 的示例中，由于没有设置布局，JFrame 窗体默认采用边框布局管理器，窗体中添加的组件默认采用 CENTER 位置，结果正如图 16-1 所示，弹出的界面中提交按钮占满了全部空间，且无法显示其他组件。

16.3.2　FlowLayout 流布局管理器

流布局管理器（FlowLayout）是面板组件（JPanel）的默认布局管理器。使用流布局管理器时，组件位于中央，并且从左到右依次摆放，当组件占满一行时，多余组件将移至下一行。

如果在 16.2 的示例中使用流布局管理器，需调用容器对象的 setLayout()方法，如下所示。

```
public static void main(String[] args) {  // 主方法
    MyFrame frame=new MyFrame("My Frame");  // 创建 MyFrame 实例
    Container c=frame.getContentPane();  // 获得窗体面板容器
    c.setLayout(new FlowLayout());  // 设置布局模式为流布局模式
    c.add(new JLabel("姓名:"));  // 在容器 c 中添加标签
    //后续代码与 16.2 示例相同,此处省略
}
```

使用流布局管理器弹出的界面如图 16-3 所示。

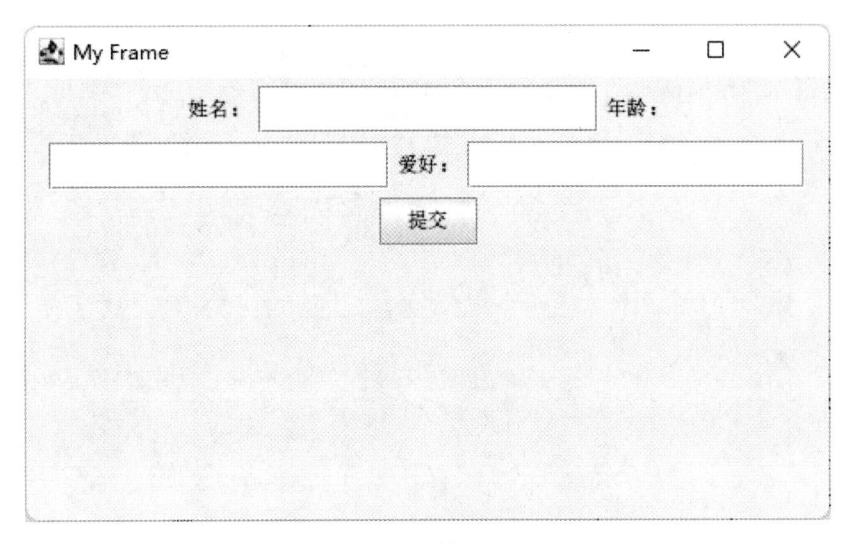

图 16-3　使用流布局管理器的展示界面

16.3.3　GridLayout 网格布局管理器

网格布局管理器（GridLayout）把容器划分为网格，组件像电子数据表一样按照行、列进行排列，每个网格的大小都相同。网格的个数将由行、列共同决定，为行与列的乘积。添加到容器中的组件将从网格的左上角开始，按照从左到右、从上到下的顺序依次填满各个网格，窗体的大小改变时，组件的大小也会随之改变。网格布局管理器主要使用以下两个常用构造方法。

```
public GridLayout(int rows,int cols)
public GridLayout(int rows,int cols,int hgap,int vgap)
```

参数 rows 表示行，cols 表示列，hgap 和 vgap 分别表示网格之间的水平间距和垂直间距。

16.2 的录入信息界面如果使用网格布局可以使用如下代码。

```
public static void main(String[] args) {  // 主方法
    MyFrame frame=new MyFrame("My Frame");  // 创建 MyFrame 实例
    Container c=frame.getContentPane();  // 获得窗体面板容器
    c.setLayout(new GridLayout(4,2,10,10));  // 设置布局模式为网格布局模式
    c.add(new JLabel("姓名:"));  // 在容器 c 中添加标签
    //后续代码与 16.2 示例相同,此处省略
}
```

使用网格布局管理器弹出的界面如图 16-4 所示。

图 16-4　使用网格布局管理器的展示界面

通过以上示例发现，使用单一的布局管理器得到的展示界面效果都不理想。在实际应用过程中，可以借助 JPanel 组件，在容器中对 JPanel 组件进行整体布局，再在 JPanel 内部进行二次布局，以此来获得理想的展示效果。例如针对 16.2 的用户信息界面，可以在界面中添加两个面板，使用边框布局方式，将界面整体分成两部分，分别占用 CENTER 和 SOUTH 位置，在每个面板内部单独添加组件，每个面板内部采用默认的流布局方式，修改后的代码如下所示。

```
public static void main(String[] args) {  // 主方法
    MyFrame frame=new MyFrame("My Frame");  // 创建 MyFrame 实例
    Container c=frame.getContentPane();  // 获得窗体面板容器
    JPanel jpCenter=new JPanel(new GridLayout(3,2));  // 创建面板
    // 创建标签和文本框组件,并添加到面板 jp1 中
    JTextField jtName=new JTextField(20);  // 创建文本框组件 jtName
    jtName.setFont(new Font("宋体",Font.PLAIN,20));  // 为 jtName 设置字体
    JPanel jp1=new JPanel();
    jp1.add(new JLabel("姓名:",SwingConstants.CENTER));  //在面板中添加标签
    jp1.add(jtName);  // 在面板 jp1 中添加文本框
    jpCenter.add(jp1);
    // 创建标签和文本框组件,并添加到面板 jp2 中
    JTextField jtAge=new JTextField(20);
    jtAge.setFont(new Font("宋体",Font.PLAIN,20));
    JPanel jp2=new JPanel();
```

```
        jp2.add(new JLabel("年龄:",SwingConstants.CENTER));   //在容器 c 中添加标签
        jp2.add(jtAge);  // 在容器 c 中添加文本框
        jpCenter.add(jp2);
        // 创建标签和文本框组件,并添加到面板 jp3 中
        JTextField jtHobby=new JTextField(20);
        jtHobby.setFont(new Font("宋体",Font.PLAIN,20));
        JPanel jp3=new JPanel();
        jp3.add(new JLabel("爱好:",SwingConstants.CENTER));   //在容器 c 中添加标签
        jp3.add(jtHobby);  // 在容器 c 中添加文本框
        jpCenter.add(jp3);
        c.add(jpCenter,BorderLayout.CENTER);  // 添加面板 jpCenter
        JPanel jpSouth=new JPanel();
        jpSouth.add(new JButton("提交"));  // 在容器 jpSouth 中添加按钮
        c.add(jpSouth,BorderLayout.SOUTH);
        frame.setVisible(true);  // 设置窗体可见
        frame.setBounds(200,200,500,300);  // 设置窗体的坐标和大小
        frame.setDefaultCloseOperation(EXIT_ON_CLOSE);  // 设置窗体的关闭模式
    }
```

借助 JPanel 使用多种布局管理方式的界面如图 16-5 所示。

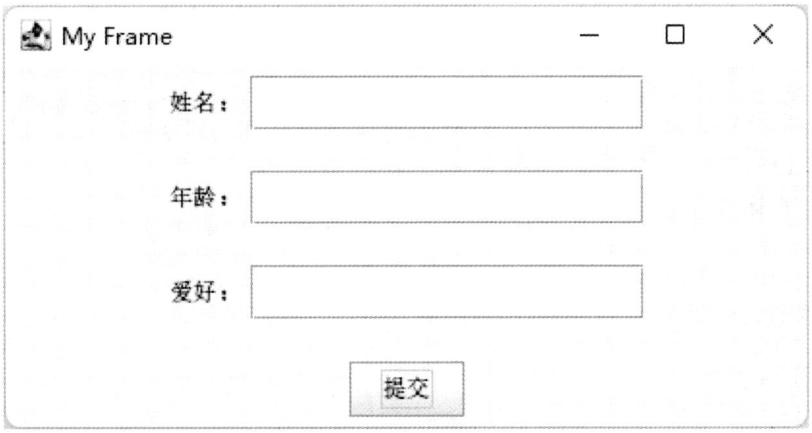

图 16-5　使用多种布局管理器的展示界面

16.4 事件处理

在16.2的用户信息界面中设置了“提交”按钮，但是点击该按钮并没有任何反应。想要让按钮实现某些功能，需要为按钮添加事件监听器，事件监听器负责处理用户单击按钮后的功能。

【例】 为用户信息界面的提交按钮添加事件响应：当点击提交按钮时，弹出信息框，信息框中显示界面输入的姓名、年龄等信息。具体代码如下所示。

```
public static void main(String[] args) {  // 主方法
    MyFrame frame=new MyFrame2("My Frame");  // 创建 MyFrame 实例
    // 添加组件代码参考 16.3.3 示例,此处省略
    JPanel jpSouth=new JPanel();
    JButton jb=new JButton("提交");
    jb.addActionListener(new ActionListener() {
        @ Override
        public void actionPerformed(ActionEvent e) {
            String str="姓名:"+jtName.getText()+"\n 年龄:"+jtAge.getText
()+"\n 爱好:"+jtHobby.getText();
            JOptionPane.showMessageDialog(jpCenter, str);
        }
    });
    jpSouth.add(jb);  // 在容器 jpSouth 中添加按钮
    c.add(jpSouth, BorderLayout.SOUTH);
    // 窗体设置代码参考 16.3.3 示例,此处省略
}
```

运行程序，当点击提交按钮时，界面将弹出消息框，如图16-6所示。

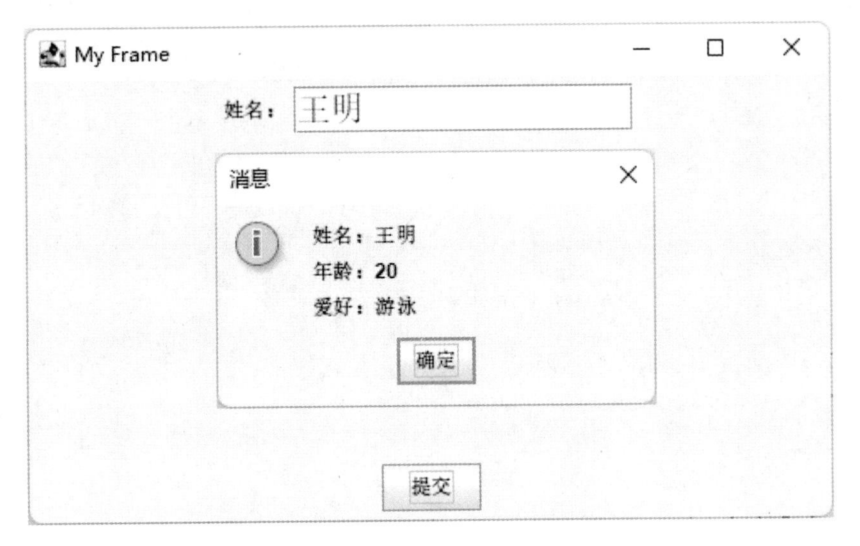

图 16-6　点击按钮后弹出消息框

请使用 Swing 组件创建一个包含加、减、乘、除运算的小型计算器界面，并实现计算器的各种运算功能。

提示：界面布局可以采用 GridLayout 网格布局，加、减、乘、除等按钮功能参考 16.4 中按钮的事件处理方法。

第 17 章　Web 编程

Java 语言的功能十分强大，使用它不仅可以开发桌面窗体程序，还可以开发 Web 程序，而且 Java Web 技术一直是最主流的动态 Web 开发技术之一，在 Internet 上到处可以见到使用 Java Web 技术建立的各种网站。

使用 Java Web 技术设计的系统具有跨平台、高效的特点，这也是众多开发者选择使用 Java 语言进行 Web 开发的原因。在众多开发者的共同努力下，越来越多优秀的开源框架开始出现，这为 Java Web 在企业级开发领域注入了新的活力。

17.1 认识 Web 开发

Internet 是一个计算机交互网络，也称国际互联网，为 Internet 开发网站所涉及的工作就是 Web 开发。当你打开浏览器，在浏览器中输入网站的地址，浏览器中就会显示该网站的内容，网站和浏览器之间的连接、网站的数据展示以及网站数据的传输都会涉及 Web 开发技术。Web 开发技术一般可以分为前端开发和后端开发（图 17-1）。

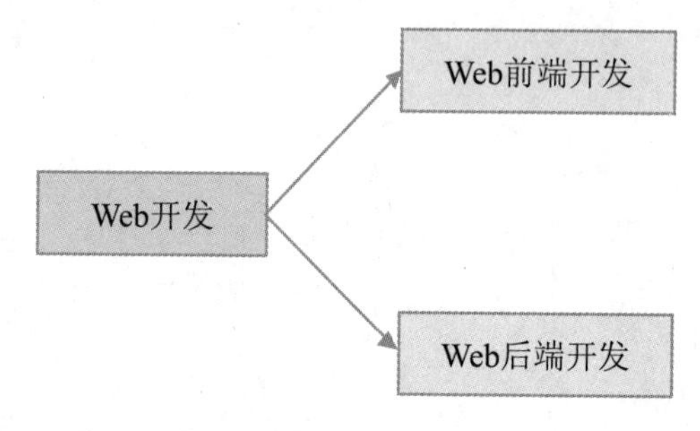

图 17-1 Web 开发内容

Web 开发的范围可以从单个简单的纯文本静态页面到复杂的基于 Web 的 Internet 应用程序。最初，网页只是一个信息发布平台，所有的 Web 应用都是静态的，客户向服务器请求资源，服务器只是将指定的资源返回给客户端，当时的 Web 开发只是组织信息的 HTML 文档，随着网络的普及以及 Web 应用复杂度的提升，静态页面逐渐无法满足用户的需求，Web 应用逐渐动态化，Web 开发技术也逐步提升。

如今的 Web 开发根据其使用对象，可以分为前端开发和后端开发，它们的侧重点以及所使用的编程语言都有所不同。

前端开发包括 Web 页面的结构、Web 的外观视觉表现、Web 层面的交互设计等，直接和用户进行交互，和用户使用息息相关。前端开发主要使用 HTML、CSS、JavaScript 等技术来实现。

后端开发主要涉及数据库的应用与处理、实现功能的逻辑、数据的存取、平台的稳定性和性能等，更多的是用户无法直接看到的“后台处理”等，其所使用的编程语言多样，主要有 Java、Python、PHP、ASP. NET 等。

Web 的前端开发与后端开发相结合，共同构成了网站的功能，使得用户可以通过浏览器访问该网站，并在该网站中实时获取自己需要的信息。

技巧点拨

静态 Web 资源与动态 Web 资源

静态 Web 资源是指人们在网页中看到的数据信息是不变的，比如 HTML 网页；动态 Web 资源是指人们可以在网页上进行交互，人们的操作不同，网页上的数据也可能不同，网页上的数据是由服务端程序实时产生的。一般所说的 Java Web 开发指的便是动态 Web 页面的开发。

17.2　Java Web 开发的主流框架

用户使用 Java 就可以完成 Web 开发的所有内容，那么为什么要使用 Web 开发框架呢？Web 开发框架是一套软件架构，它为 Web 应用程序提供了基础的功能。例如，查询数据库时需要先建立数据库连接，通过数据库连接执行 SQL 语句，得到查询结果后还需要进行 JavaBean 映射，所有的数据库操作均需要执行类似的步骤，而如果使用框架就可以把基本的操作，如数据库连接、数据映射等基础功能交由框架来完成，开发者只需要在框架的基础上实现业务逻辑即可。

简而言之，Web 开发框架为 Web 应用程序提供了基础的功能，开发人员基于 Web 框架开发应用时，只需关注和实现应用的业务逻辑，非业务逻辑的基础功能由框架提供，从而减少开发人员的工作量，提高开发效率。

Java Web 开发的框架种类很多，常用的有 Struts2、Spring MVC、Spring、Hibernate、MyBatis 等（图 17-2）。

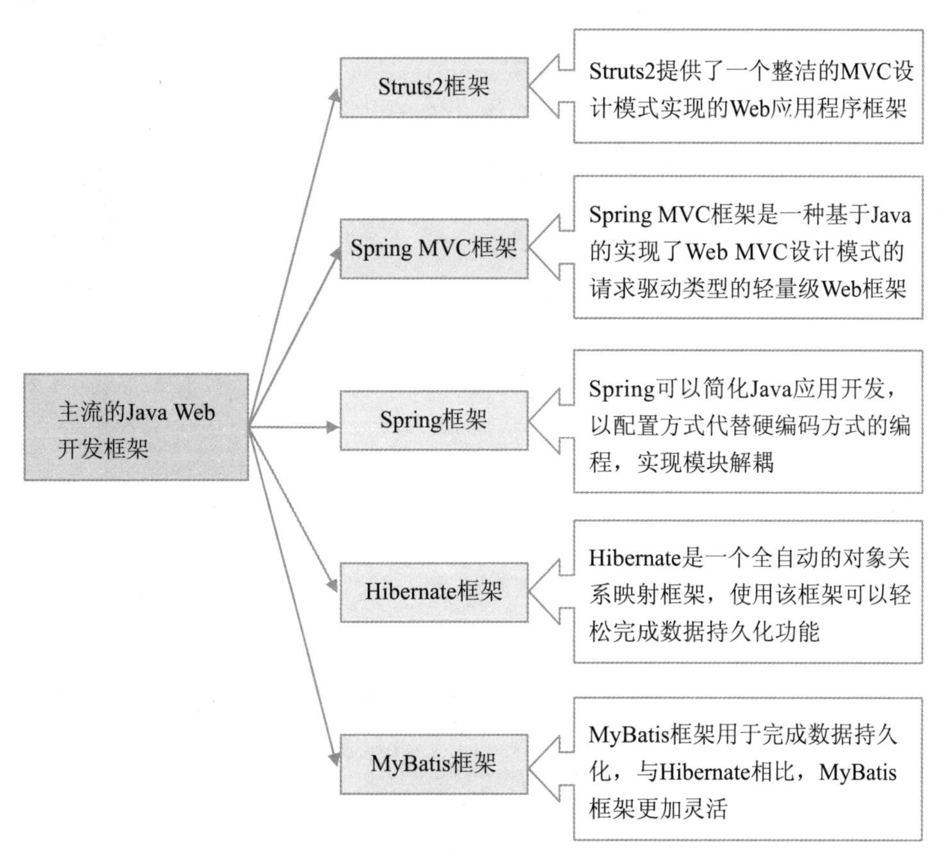

图 17-2　主流的 Java Web 开发框架

17.3　Web 服务器

Web 服务器通常指网站服务器，是指安装于因特网上某种类型计算机上的程序。将 Web 开发完成的网站文件部署于 Web 服务器下，就可以通过浏览器或其他方式访问该网站的网页或文件。

Tomcat 是由 Apache 软件基金会下属的 Jakarta 项目开发的一个 Servlet 容器，按照 Sun Microsystems 提供的技术规范开发出来，是 Java Web 运行的常用服务器软件。想要运行 Java Web 程序需要首先下载并安装 Tomcat。

17.3.1　Tomcat 的下载

Tomcat 支持跨平台，在 Windows 或 Linux 等其他操作系统上均能正常运行，本书以 Windows 操作系统为例演示如何下载、安装和配置 Tomcat。

Tomcat 的下载步骤如下所示。

（1）打开浏览器，访问 Tomcat 的官方网址 https://tomcat.apache.org/index.html，出现如图 17-3 所示界面，在页面左侧的 Download 菜单中有各个版本的 Tomcat 下载链接。Tomcat 的版本需要与 JDK 的版本匹配，如果无法确定选用哪个版本，可以点击左侧的“Which version?”菜单链接，查看与 JDK 匹配的 Tomcat 版本。

图 17-3　Tomcat 官方网站页面

（2）本书以 Tomcat 10 为例进行下载演示。点击首页左侧“Tomcat 10”菜单，浏览器跳转到 Tomcat 10 的下载页面（图 17-4）。根据操作系统选择合适的下载链接，单击对应的超链接（如 64-bit Windows zip）即可进行下载。

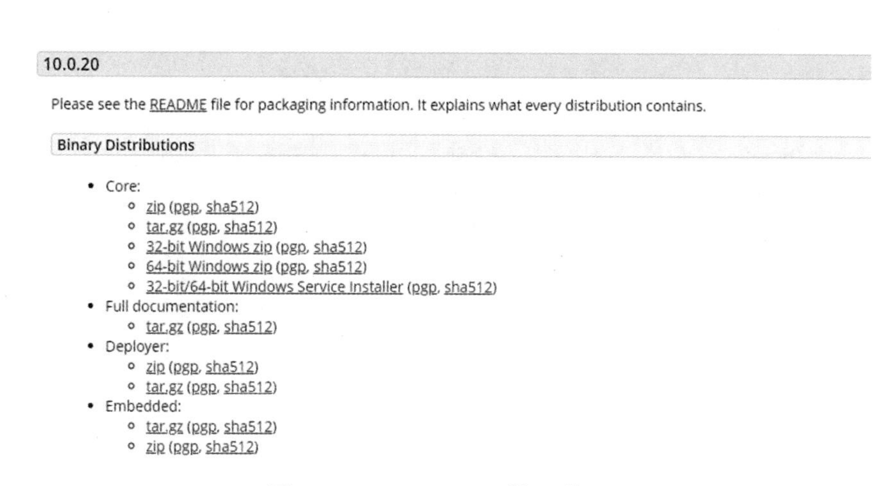

图 17-4　Tomcat 10 的下载页面

（3）下载完成后在文件夹下出现 apache-tomcat-10.0.20-windows-x64.zip 文件，该文件即是 Tomcat 的压缩安装文件。

17.3.2　Tomcat 的配置与启动

Tomcat 的安装步骤如下所示。

（1）解压缩 apache-tomcat-10.0.20-windows-x64.zip 文件，打开解压缩后的文件夹可以看到如图 17-5 所示的文件结构。

（2）Tomcat 无需安装，但在启动之前需要设置“JAVA_HOME”环境变量。在 Windows 操作系统下，右击“此电脑”或“我的电脑”，在弹出的界面或对话框中选择“高级系统设置—环境变量”，在系统变量中新建变量“JAVA_HOME”，将变量值设置为 JDK 的安装路径。

（3）在 bin 目录下点击 startup.bat，Tomcat 即可启动，启动成功后的界面如图 17-6 所示。

（4）Tomcat 启动后，在浏览器的地址栏中输入网址 http://localhost:8080 并按回车键，浏览器中如果出现如图 17-7 所示界面则说明可以访问 Tomcat 下的 Web 应用，Tomcat 启动成功。

名称	修改日期	类型	大小
bin	31/3/2022 下午4:24	文件夹	
conf	31/3/2022 下午4:24	文件夹	
lib	31/3/2022 下午4:24	文件夹	
logs	31/3/2022 下午4:24	文件夹	
temp	31/3/2022 下午4:24	文件夹	
webapps	31/3/2022 下午4:24	文件夹	
work	31/3/2022 下午4:24	文件夹	
BUILDING.txt	31/3/2022 下午4:24	文本文档	20 KB
CONTRIBUTING.md	31/3/2022 下午4:24	MD 文件	7 KB
LICENSE	31/3/2022 下午4:24	文件	60 KB
NOTICE	31/3/2022 下午4:24	文件	3 KB
README.md	31/3/2022 下午4:24	MD 文件	4 KB
RELEASE-NOTES	31/3/2022 下午4:24	文件	7 KB
RUNNING.txt	31/3/2022 下午4:24	文本文档	17 KB

图 17-5　Tomcat 文件夹的组成结构

```
Tomcat
08-Apr-2022 11:44:42.493 信息 [main] org.apache.catalina.core.AprLifecycleListener.initializeSSL OpenSSL成功初始化 [Open
SSL 1.1.1n  15 Mar 2022]
08-Apr-2022 11:44:42.667 信息 [main] org.apache.coyote.AbstractProtocol.init 初始化协议处理器 ["http-nio-8080"]
08-Apr-2022 11:44:42.686 信息 [main] org.apache.catalina.startup.Catalina.load 服务器在[358]毫秒内初始化
08-Apr-2022 11:44:42.716 信息 [main] org.apache.catalina.core.StandardService.startInternal 正在启动服务[Catalina]
08-Apr-2022 11:44:42.716 信息 [main] org.apache.catalina.core.StandardEngine.startInternal 正在启动 Servlet 引擎：[Apach
e Tomcat/10.0.20]
08-Apr-2022 11:44:42.722 信息 [main] org.apache.catalina.startup.HostConfig.deployDirectory 把web 应用程序部署到目录 [D:
\software\apache-tomcat-10.0.20\webapps\docs]
08-Apr-2022 11:44:42.921 信息 [main] org.apache.catalina.startup.HostConfig.deployDirectory Web应用程序目录[D:\software\
apache-tomcat-10.0.20\webapps\docs]的部署已在[197]毫秒内完成
08-Apr-2022 11:44:42.921 信息 [main] org.apache.catalina.startup.HostConfig.deployDirectory 把web 应用程序部署到目录 [D:
\software\apache-tomcat-10.0.20\webapps\examples]
08-Apr-2022 11:44:43.134 信息 [main] org.apache.catalina.startup.HostConfig.deployDirectory Web应用程序目录[D:\software\
apache-tomcat-10.0.20\webapps\examples]的部署已在[213]毫秒内完成
08-Apr-2022 11:44:43.134 信息 [main] org.apache.catalina.startup.HostConfig.deployDirectory 把web 应用程序部署到目录 [D:
\software\apache-tomcat-10.0.20\webapps\host-manager]
08-Apr-2022 11:44:43.164 信息 [main] org.apache.catalina.startup.HostConfig.deployDirectory Web应用程序目录[D:\software\
apache-tomcat-10.0.20\webapps\host-manager]的部署已在[30]毫秒内完成
08-Apr-2022 11:44:43.165 信息 [main] org.apache.catalina.startup.HostConfig.deployDirectory 把web 应用程序部署到目录 [D:
\software\apache-tomcat-10.0.20\webapps\manager]
08-Apr-2022 11:44:43.189 信息 [main] org.apache.catalina.startup.HostConfig.deployDirectory Web应用程序目录[D:\software\
apache-tomcat-10.0.20\webapps\manager]的部署已在[24]毫秒内完成
08-Apr-2022 11:44:43.189 信息 [main] org.apache.catalina.startup.HostConfig.deployDirectory 把web 应用程序部署到目录 [D:
\software\apache-tomcat-10.0.20\webapps\ROOT]
08-Apr-2022 11:44:43.206 信息 [main] org.apache.catalina.startup.HostConfig.deployDirectory Web应用程序目录[D:\software\
apache-tomcat-10.0.20\webapps\ROOT]的部署已在[16]毫秒内完成
08-Apr-2022 11:44:43.210 信息 [main] org.apache.coyote.AbstractProtocol.start 开始协议处理句柄["http-nio-8080"]
08-Apr-2022 11:44:43.249 信息 [main] org.apache.catalina.startup.Catalina.start [562]毫秒后服务器启动
```

图 17-6　Tomcat 启动界面

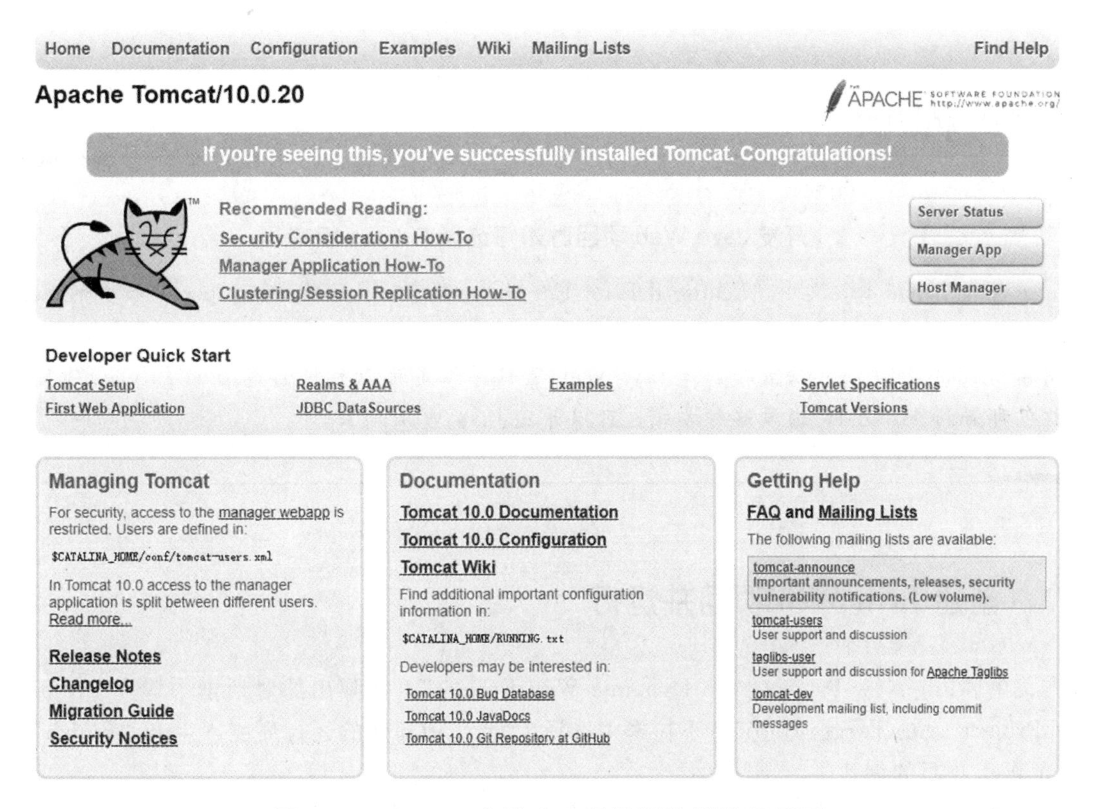

图 17-7　Tomcat 安装成功后的浏览器访问界面

17.4　创建 Java Web 项目

17.4.1　配置 Eclipse 运行环境

在创建 Java Web 项目之前需要首先配置运行环境。在 Eclipse 中点击菜单“Window-Preferences”，在弹出的对话框中选择“Server-Runtime Environments”，在右侧点击“Add”按钮，在新弹出的对话框中选择“Apache-Apache Tomcat v10.0”，点击“next”按钮，在新页面中设置 Tomcat 的安装目录和 JRE，然后点击“Finish”按钮完成运行环境的创建。

开发 Java Web 项目时如何选择 Eclipse 版本

Eclipse 包含多个版本，其中“Eclipse IDE for Enterprise Java and Web Developers”版本的 Eclipse 可以直接创建 Java Web 项目。

使用精简版的 Eclipse 无法直接创建 Java Web 项目，但是可以直接创建 Java Project 项目，然后将项目打包部署到 Tomcat，通过这种方式也可以开发 Java Web 项目。

17.4.2 创建 Java Web 项目并运行

点击菜单“File-New-Project-Web-Dynamic Web Project”，在弹出的对话框中输入 Project name“MyWebProject”，在 Target runtime 下拉框中选择 17.4.1 中新建的运行环境，点击“Finish”按钮，完成 Java Web 项目的创建。

Java Web 项目创建完成后，在 Project Explorer 视图中新增了 Servers 文件夹，其下有 Tomcat Server 的配置文件，在 Servers 视图中也可以看到配置好的 Tomcat Server。

在 MyWebProject 项目文件夹的 src/main/webapp 目录下新建 index.jsp，在 index.jsp 文件中增加文字“我的第一个网页!”，具体代码内容如下。

```
<%@ page language="java" contentType="text/html; charset=UTF-8"
    pageEncoding="UTF-8"%>
<!DOCTYPE html>
<html>
<head>
<meta charset="UTF-8">
<title> My First Page</title>
</head>
<body>
我的第一个网页!
</body>
</html>
```

在 Servers 视图中右击 Tomcat 服务器，在弹出的菜单中选择“Start”即可启动 Tomcat 服务器，服务器正常启动后在浏览器的地址栏中输入网址 http://localhost:8080/MyWebProject/index.jsp，浏览器将显示刚才编辑好的 index.jsp 页面，如图 17-8 所示。

图 17-8　index.jsp 的显示页面

17.5　Web 开发相关技术

17.2 节介绍的主流框架均为 Web 后端开发的框架。Web 前端开发通常采用 MVC（Model View Controller）架构模式，该架构模式将整个系统分成三部分：模型（Model）、视图（View）和控制器（Controller）。

模型部分：负责存储系统的中心数据，处理应用程序的数据逻辑，封装其业务逻辑的相关数据和处理办法，该部分提供功能性接口，具有独立性。在 Java 程序中，模型部分通常为承载数据的 Java 对象，如存储用户信息的 User 实体类或 Sevice 层、Dao 层对象等。

视图部分：该部分的功能是呈现和显示数据和图形，是用户直接接触和看到的部分，如 JSP 页面等。

控制器部分：负责从视图读取数据，并向模型发送数据，是视图和模型之间的“桥梁”，如 Servlet 等。

三部分的协作关系如图 17-9 所示，其中视图部分和控制器部分共同构成了用户接口。

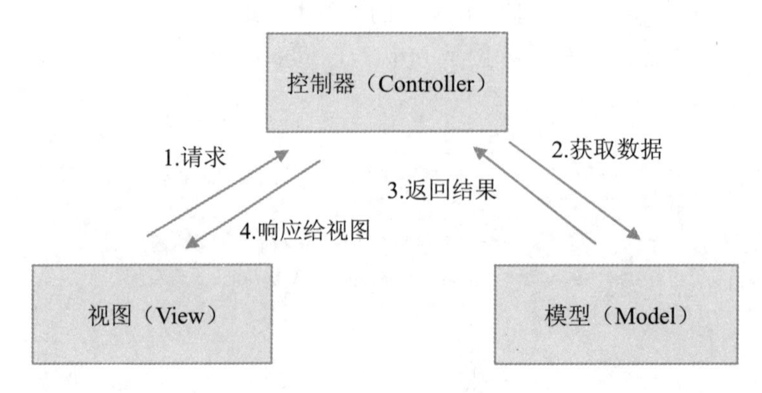

图 17-9　MVC 架构

MVC 架构下的三个部分相互分离，各自负责不同的功能，这样方便针对每一部分单独进行测试，当某一部分发生改变时，对另外两部分的影响也比较小，例如更换页面展示效果时只需更改视图部分，模型和控制器部分无需修改。可见，使用 MVC 架构，代码之间的耦合性降低，代码的可重用性和可维护性均得到提高。

除了 MVC 架构模式，Web 前端开发还涉及很多其他相关技术，具体如下。

（1）HTML：一种超文本标记语言，包含 form、table、div 等多种标签。

（2）CSS：层叠样式表，英文全称为 Cascading Style Sheets，是一种用来表现 HTML 或 XML（标准通用标记语言的一个子集）等文件样式的计算机语言。

（3）JavaScript：简称 JS，是一种函数优先的轻量级、解释型或即时编译型的编程语言。

（4）JQuery：封装了 JavaScript 代码的 JS 插件。

（5）JSP：全称 Java Server Pages，是一种动态网页开发技术。

小试锋芒

创建一个 Java Web 项目并创建 a.jsp 和 b.jsp 两个页面，启动 Tomcat 服务器，在浏览器中分别访问这两个页面。

提示：在 Eclipse 中配置 Tomcat 服务器后，可以直接在 Eclipse 中启动 Tomcat 服务器，只有当 Tomcat 服务器启动后才能在浏览器中访问 Web 项目下的页面，访问地址为：http://localhost:8080/项目名称/网页目录/网页名称.jsp。

第 18 章　企业设备管理系统

企业设备管理系统采用 Java Web 开发技术实现，是基于 BS（Browser/Server，浏览器/服务器）模式的企业管理系统。

本章重点针对企业设备管理系统进行了系统分析、系统设计，在此基础上以最具典型的列表展示功能为例，逻辑清晰地阐述了企业设备管理系统从前端到后台的代码实现全过程。

18.1 系统分析

企业设备管理系统以信息化的方式管理企业的设备，使得管理员可以通过浏览器完成新增设备入库、展示库存设备、删除弃用设备等功能，方便管理员对设备进行统一管理和查看，从而提高设备管理员的工作效率。

在企业设备管理系统中，可以针对不同的用户，设置不同的用户权限，如普通用户只能查看设备，具有高级管理权限的用户可以新增、修改、删除设备信息。因此，企业设备管理系统主要分为用户管理模块和设备管理模块（图 18-1）。

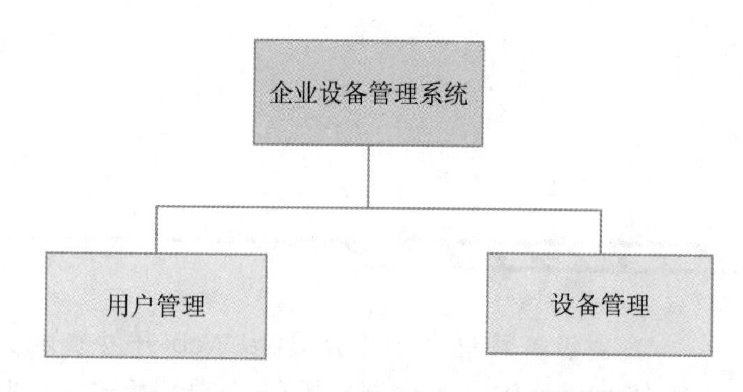

图 18-1 企业设备管理系统包含的模块

18.2 系统设计

18.2.1 用户管理模块设计

用户管理模块主要负责用户信息的管理，在企业设备管理系统中包含两种用户，分别为普通用户和管理员用户。用户管理模块包含新增用户、删除用户等功能，具体如图 18-2 所示。

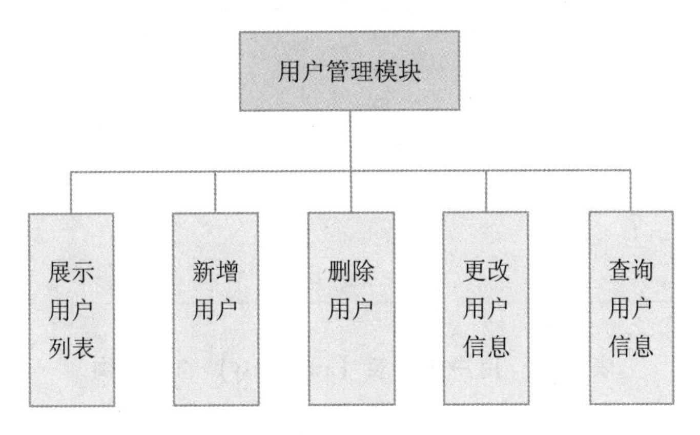

图 18-2　用户管理模块

18.2.2　设备管理模块设计

设备管理模块主要负责设备的管理，如新增设备、修改设备信息、删除设备、查询设备等（图 18-3）。需要注意的是，管理员用户可以进行所有操作，而普通用户只能查看设备列表和查询设备。

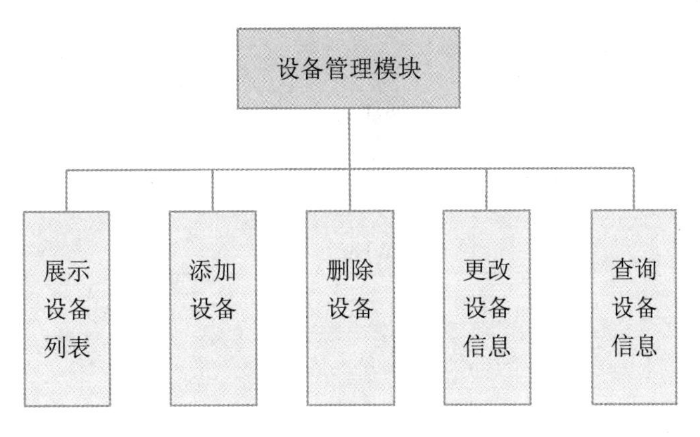

图 18-3　设备管理模块

18.2.3　数据库设计

企业设备管理系统使用 MySQL 作为后台数据库，数据库名称为 emsdb，主要包含 3 张数据库表：用户信息表 user、用户权限表 authority 和设备信息表 equipment，3 张数据库表的表结构见表 18-1、表 18-2 和表 18-3。

表 18-1　用户信息表（user）的表结构

字　段	类　型	说　明
id	int	用户编号
sex	varchar	性别
name	varchar	用户姓名
tel	varchar	电话信息
email	varchar	电子邮箱

表 18-2　用户权限表（authority）的表结构

字　段	类　型	说　明
id	int	权限 id
user_id	int	用户 id
auth_level	varchar	权限级别

表 18-3　设备信息表（equipment）的表结构

字　段	类　型	说　明
id	int	设备 id
typeid	varchar	设备型号
name	varchar	设备名称
brand	varchar	设备品牌
num	int	设备数量
price	int	设备价格
description	varchar	描述信息

技巧点拨 >>>

数据库表的自增长主键

MySQL 数据库表支持主键自增长，默认初始值为 1，每次自增 1。通常将数据表中 id 字段设置为自增长字段，这样做可以避免产生主键重复的错误。在 MySQL 数据库表中使用 insert into 语句插入数据时，可以为该 id 字段指定值（该值必须大于该列的最大值）；也可以把 id 的值设置为 null 或者 0，这样 MySQL 会自动插入 id 值；还可以手动指定插入不含 id 的其他列。

18.3　开发环境

企业设备管理系统是 Java Web 应用，用户通过浏览器访问和使用该系统。企业设备管理系统需要的开发工具和说明如下。

- JDK：JDK 是 Java 语言的软件开发工具包，是 Java 程序运行的必备环境。
- Eclipse：Java 程序的集成开发环境。
- MySQL：用于存储数据的关系型数据库。
- Tomcat：Java Web 程序运行的服务器。
- 浏览器：用于访问企业设备管理系统。

18.4　系统实现

18.4.1　系统程序层次结构

企业设备管理系统中的模块使用多层次开发结构，从前端到后台依次为：展示层、逻辑层和数据访问层，其中，数据访问层负责直接操作数据库中的数据（图 18-4）。

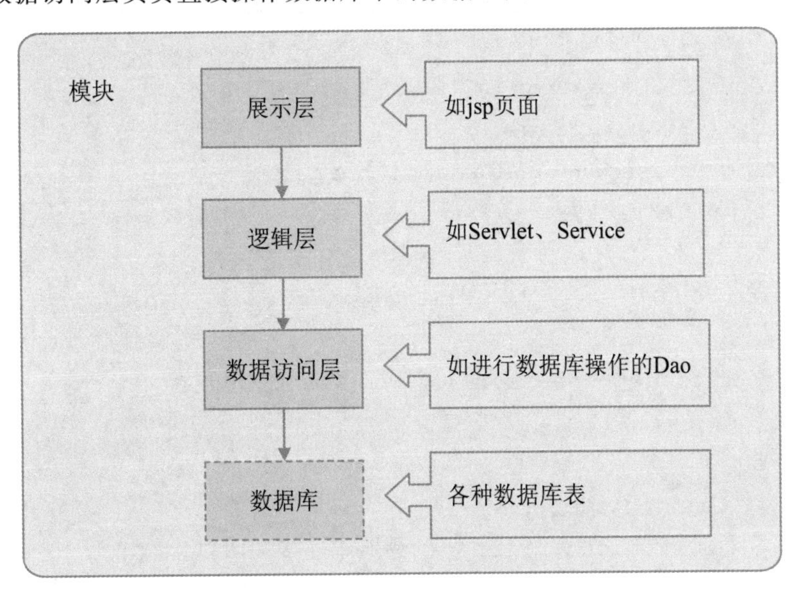

图 18-4　系统程序层次结构

- 展示层：负责页面的布局显示。
- 逻辑层：实现具体的业务逻辑。
- 数据访问层：实现数据库的操作。

18.4.2 基础功能实现

1. 数据库操作

在实现系统的过程中，需要经常操作数据库，为了避免代码重复，我们将数据库操作中建立连接和关闭连接的操作单独提取到一个公共类 JDBCUtil 中，存放于 util 包下。具体代码如下所示。

```
    package com.company.em.util;
    import java.sql.Connection;
    import java.sql.DriverManager;
    import java.sql.SQLException;
    public class JDBCUtil {
        private static Connection conn;
        public static Connection getConnection() {   // 建立数据库连接
            // 创建数据库连接对象
            try {
                Class.forName("com.mysql.cj.jdbc.Driver");
                conn= DriverManager.getConnection("jdbc:mysql://127.0.0.1:3306/
emsdb", "root", "123456");
            } catch (SQLException e) {
                e.printStackTrace();
            } catch (ClassNotFoundException e) {
                e.printStackTrace();
            }
            return conn;
        }
        public void closeConnection() {   // 关闭数据库连接
            if (conn !=null) {
                try {
                    conn.close();
                    System.out.println("数据库连接关闭");
```

```
            } catch (SQLException e) {
                e.printStackTrace();
            }
        }
    }
}
```

2. 分页查询

数据列表通常采用分页展示，因此在查询数据列表时，只需获取当前页数据即可，无需获取数据库中所有数据，因此在查询时需要将当前页码（pageNo）和单页展示的记录数目（pageSize）传递到后台。在本系统中，我们将二者封装到 PageQueryParameter 类中，PageQueryParameter 类的代码如下所示。

```
package com.company.em.util;
import java.io.Serializable;
public class PageQueryParameter implements Serializable {
    protected int pageNo=1;  // 当前页码,默认为 1
    protected int pageSize=10;  // 一页展示的条目数,默认为 10
    // 此处省略属性的 getter、setter 方法
}
```

3. 基于分页查询得到的结果封装

分页查询得到数据结果后，列表数据需要进行分页展示，分页需要涉及单页展示条目（resultList）、条目数量（pageSize）、页码总数（totalPage）、当前页码（pageNo）以及总记录数（resultCount）。我们将这些属性封装到 Page 类中，为了使得 Page 类可以适应不同数据类型，Page 类使用泛型机制，Page 类的代码如下所示。

```
public class Page<E> {
    private int pageSize;  // 一页显示的数据条目
    private List<E>  resultList;  // 数据结果列表
    private int pageNo;  // 当前页码
    private int resultCount;  // 总记录数
    private int totalPage;  // 总页数
    public Page() {  //无参构造方法
    }
```

```
    public Page(List<E>  list,PageQueryParameter parameter) {   //带参构造方法
        this.pageNo=parameter.getPageNo();
        this.pageSize=parameter.getPageSize();
        this.resultList=list;
    }
    // 此处省略属性的 getter、setter 方法
}
```

4. 实体类

本系统主要用到两个实体类：Equipment 实体类和 User 实体类，Equipment 实体类的定义如下所示。

```
package com.company.em.entity;
public class Equipment {
    private int id;
    private String typeid;
    private String name;
    private String brand;
    private int num;
    private int price;
    private String administrator;
    private String description;
    // 此处省略属性的 getter、setter 方法
}
```

18.4.3 具体功能实现

用户管理模块包含“展示用户列表”“新增用户”“删除用户”“更改用户信息”“查询用户信息”等功能，设备管理模块包含“展示设备列表”“添加设备”“删除设备”“更改设备信息”“查询设备信息”等功能，由于篇幅所限无法列出所有功能的具体实现，本书将以“展示设备列表”功能为例演示从前端到后台的开发过程。

1. “展示设备列表”页面（JSP 页面、CSS 样式文件）

展示设备列表页面（allEquipments.jsp）主要采用 form、div 和 table 标签来布局，在 table 表格最下面一行放置页码按钮，整体呈现效果如图 18-5 所示。

行号	设备型号	设备名称	设备品牌	设备数量	设备价格	设备描述	操作
1	ThinkPadThinkPad P15v	轻薄笔记本	THinkPad	5	8499	Windows 10 带Office	删除 修改
2	华为MateBook D	轻薄笔记本	华为	10	3999	Windows 11	删除 修改
3	LenovoSR588	机架服务器	Lenovo	3	12299	Windows系统	删除 修改
4	戴尔R540	机架服务器	戴尔	6	22500	其他	删除 修改
5	普联TL-SG1008D	桌面式交换机	普联	10	129	无	删除 修改
6	普联TL-SF1005D	桌面式交换机	普联	10	69	无	删除 修改
7	普联TL-SG1008U	桌面式交换机	普联	10	115	无	删除 修改
8	腾达AC23	路由器	腾达	8	179	无	删除 修改
9	小米RB03	路由器	小米	8	279	无	删除 修改
10	普联TL-XDR3050易展版	路由器	普联	8	289	无	删除 修改
1 2							

图 18-5　展示设备列表页面效果

在 Java Web 开发过程中，JSP 页面负责前端展示，和用户交互，JSP 页面将表单或数据提交给 Servlet，Servlet 负责逻辑处理，Servlet 处理后的结果再在 JSP 页面展示，如图 18-6 所示。

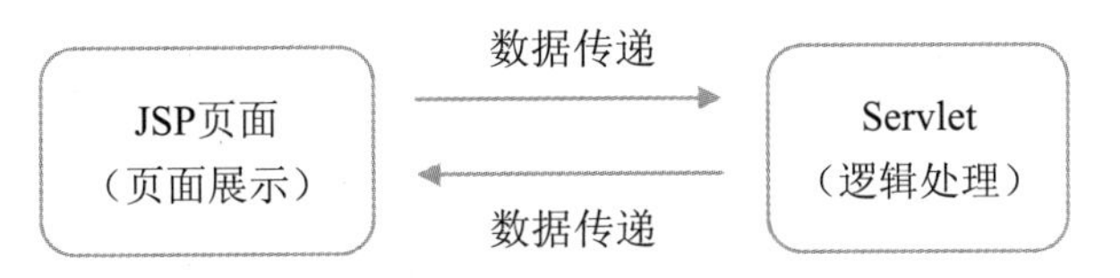

图 18-6　JSP 页面与 Servlet 交互

技巧点拨

JSP 页面将数据传递给 Servlet 的方式

JSP 页面可以通过以下几种方式将数据传递给 Servlet。

(1) 通过 form 表单传递数据。form 表单中的 input（输入）标签包含多种类型，如文本、复选框、按钮等，input 标签包含 name 属性和 value 属性，form 表单提交时，form 表单内的 input 标签的值都将传递给 Servlet，Servlet 通过 request. getParameter ("标签的 name 属性值") 方法即可获取标签的 value 属性值。

(2) 通过 url 链接传递数据。这种方式直接将参数值放在链接后面，Servlet 通过 request. getParameter ("name") 方法获取参数值。

(3) 通过 Session 传值。

allEquipments. jsp 页面的代码如下所示。

```
<%@ page language="java" contentType="text/html; charset=UTF- 8"
   pageEncoding="UTF-8"%>
<%@ taglib prefix="c" uri="http://java.sun.com/jsp/jstl/core"%>
<! DOCTYPE html>
<html>
<head>
<meta charset="UTF-8">
<link rel="stylesheet" type="text/css" href="./css/table.css">
<title> Insert title here</title>
</head>
<body>
<form action="EquipmentsServlet">
<center>
<div style="width:1000px;">
<table class="table2" >
   <tr>
      <th> 行号</th>
      <th> 设备型号</th>
```

```
            <th> 设备名称</th>
            <th> 设备品牌</th>
            <th> 设备数量</th>
            <th> 设备价格</th>
            <th> 设备描述</th>
            <th> 操作</th>
        </tr>
        <c:forEach items="${page.resultList}" var="item" varStatus="s">
            <tr>
                <td>${s.count}</td>
                <td>${item.typeid}</td>
                <td>${item.name}</td>
                <td>${item.brand}</td>
                <td>${item.num}</td>
                <td>${item.price}</td>
                <td>${item.description}</td>
                <td> <a href="delEquipmentServlet? id=$ {item.id}"> 删除</a> <
a href="updateEquipmentServlet? id=$ {item.id}"> 修改</a> </td>
            </tr>
    </c:forEach>
        <tr>
                <td colspan="8">
                <c:forEach var="x" begin="1" end="$ {page.totalPage}" step="1">
                    <button type="submit" name="pageNo" value="$ {x}">
                        ${x}
                    </button>
                    </c:forEach>
            </td>
            </tr>
    </table>
    </div>
    </center>
    </form>
    </body>
    </html>
```

巧避误区

JSP 标准标签库（JSTL）

JSP 标准标签库（JSTL）是一个 JSP 标签集合，它封装了 JSP 应用的通用核心功能。使用 JSTL 可以在 JSP 中实现迭代、条件判断、XML 文档操作等常用功能。

在 allEquipments. jsp 页面中，通过<c:forEach/>标签完成了列表数据的迭代。但在使用该标签之前，需要首先下载 JSTL 标签库需要的 jar 包（注意 jar 包需与 Tomcat 版本兼容），将其放置在 WEB-INF/lib 包下并进行引入。

在 JSP 页面中使用 JSTL 标签库时也需要进行引用，如引用核心标签库的语法如下。

```
<%@ taglib prefix="c" uri="http://java.sun.com/jsp/jstl/core"%>
```

为了使页面更加美观，本系统为 table 标签设置了特殊的 CSS 样式，并将这些样式汇总于 table. css 文件中（文件路径为 webapp/css/table. css）。在 JSP 页面中引用 CSS 文件的语法如下。

```
<link rel="stylesheet" type="text/css" href="./css/table.css">
```

table. css 的具体代码如下，如果想要更换样式，直接更换 CSS 文件即可。

```
@charset "UTF-8";
table{
    width:100% ;
    border-collapse:collapse;
}
th,td{
    border:1px solid # 999;
    text-align:center;
    padding:20px 0;
}
/* 奇数行样式 * /
table tbody tr:nth-child(odd){
    background-color:# eee;
```

```
    }
    /*  鼠标指针浮动在表格上时的样式 * /
    table tbody tr:hover{
        background-color:# ccc;
    }
```

2. 后端逻辑层（Servlet、Service）

前端 JSP 页面中的 form 标签的 action 属性值为 EquipmentsServlet，因此当点击按钮提交表单后将执行 EquipmentsServlet 对应的内容。EquipmentsServlet 对应的代码如下。

```
    package com.company.em.servlet;
    import java.io.IOException;
    import com.company.em.entity.Equipment;
    import com.company.em.service.EquipmentService;
    import com.company.em.util.Page;
    import com.company.em.util.PageQueryParameter;
    import jakarta.servlet.ServletException;
    import jakarta.servlet.annotation.WebServlet;
    import jakarta.servlet.http.HttpServlet;
    import jakarta.servlet.http.HttpServletRequest;
    import jakarta.servlet.http.HttpServletResponse;
    @WebServlet("/EquipmentsServlet")   // 通过注解的方式配置 Servlet
    public class EquipmentsServlet extends HttpServlet{  //Servlet 需继承 HttpS-
ervlet 类
        EquipmentService epService=new EquipmentService();
        Page<Equipment>  page=new Page<Equipment> ();
        PageQueryParameter parameter=new PageQueryParameter();
        public void doGet(HttpServletRequest request,HttpServletResponse response)
throws ServletException,IOException {
            doPost(request,esponse);
        }
        public void doPost(HttpServletRequest request,HttpServletResponse response)
throws ServletException,IOException {
            request.setCharacterEncoding("UTF-8");  // 解决从 JSP 页面接受中文参数
乱码问题
```

```
        String pageNo=request.getParameter("pageNo");
        String pageSize=request.getParameter("pageSize");
        if (pageNo! =null) {
            parameter.setPageNo(Integer.parseInt(pageNo));
        }
        if (pageSize! =null) {
            parameter.setPageSize(Integer.parseInt(pageSize));
        }
        page=epService.getEquipmentPageList(parameter);
        request.setAttribute("page",page);  // 设置 page 属性
        request.getRequestDispatcher("allEquipments.jsp").forward(request,
response);  //页面跳转
    }
}
```

EquipmentService 的代码如下所示。

```
package com.company.em.service;
import java.util.List;
import com.company.em.dao.EquipmentDAO;
import com.company.em.entity.Equipment;
import com.company.em.util.Page;
import com.company.em.util.PageQueryParameter;
public class EquipmentService {
    EquipmentDAO equipmentDAO=new EquipmentDAO();
    public Page<Equipment>  getEquipmentPageList(PageQueryParameter param-
eter) {//获取封装了分页信息的设备列表
        List<Equipment>  list=equipmentDAO.getEquipmentList(parameter);
        Page<Equipment>  page=new Page<Equipment> (list, parameter);
        int pageSize=parameter.getPageSize();
        int count=equipmentDAO.getEquipmentCount();
        page.setResultCount(count);
        page.setTotalPage((int) Math.ceil(count / (double) pageSize));
        return page;
    }
}
```

3. 数据访问层（Dao）

数据访问层 EquipmentDao 的代码如下所示。

```
package com.company.em.dao;
import java.sql.Connection;
import java.sql.PreparedStatement;
import java.sql.ResultSet;
import java.sql.SQLException;
import java.util.ArrayList;
import java.util.List;
import com.company.em.entity.Equipment;
import com.company.em.util.JDBCUtil;
import com.company.em.util.Page;
import com.company.em.util.PageQueryParameter;
public class EquipmentDAO {
    public List<Equipment> getEquipmentList(PageQueryParameter parameter) {
        int pageNo=parameter.getPageNo();
        int pageSize=parameter.getPageSize();
        Connection conn=JDBCUtil.getConnection();
        PreparedStatement ps=null;// 创建 Statement 对象
        List<Equipment>  resultList=new ArrayList<Equipment> ();
        try {
            String sql="SELECT *  FROM emsdb.equipment limit ?,?";
            ps=conn.prepareStatement(sql);
            ps.setInt(1, (pageNo -  1) *  pageSize);
            ps.setInt(2, pageSize);
            ResultSet rs=ps.executeQuery();// 执行查询操作
            while (rs.next()) {// 当 rs.next()不为空
                Equipment equipment=new Equipment();
                equipment.setId(rs.getInt("id"));
                equipment.setTypeid(rs.getString("typeid"));
                equipment.setName(rs.getString("name"));
                equipment.setBrand(rs.getString("brand"));
                equipment.setNum(rs.getInt("num"));
                equipment.setPrice(rs.getInt("price"));
```

```
                equipment.setDescription(rs.getString("description"));
                resultList.add(equipment);
            }
            rs.close();// 关闭连接
        } catch (SQLException e) {// 捕获异常
            e.printStackTrace();// 输出错误信息
        } finally {
            try {
                ps.close();// 关闭 ps
                conn.close();
            } catch (SQLException e) {
                e.printStackTrace();// 输出错误信息
            }
        }
        return resultList;
    }
    public int getEquipmentCount() {// 获取设备总数
        JDBCUtil jdbc = new JDBCUtil();
        Connection conn=jdbc.getConnection();
        PreparedStatement ps=null;// 创建 Statement 对象
        int count=0;
        try {
            // 创建字符串 sql 表示 sql 语句
            String sql="SELECT count(* ) count FROM emsdb.equipment";
            ps=conn.prepareStatement(sql);// 实例化 Statement 对象
            ResultSet rs=ps.executeQuery(sql);// 执行查询操作
            while (rs.next()) {// 当 rs.next()不为空
                count=rs.getInt("count");
            }
            rs.close();// 关闭连接
        } catch (SQLException e) {// 捕获异常
            e.printStackTrace();// 输出错误信息
        } finally {
            try {
                ps.close();// 关闭 ps
                conn.close();
```

```
            } catch (SQLException e) {
                e.printStackTrace();// 输出错误信息
            }
        }
        return count;
    }
```

至此，“展示设备列表”功能完成。

本章以企业设备管理系统为背景，以展示设备列表功能为例，讲述了从前端到后端数据展示和提交的完整实现过程，实现了设备列表的展示和分页功能。请仿照本章示例代码，完成用户列表的展示功能，在此基础上完成各个模块的新增、修改、删除功能和用户访问权限控制。

提示：用户访问权限可以借助 Session 来实现，Session 对象存储用户会话所需的属性及配置信息。在本系统中，用户登陆后可以将用户名和用户权限存储到 Session 中，在访问 Servlet 时，首先获取 Session 中的用户和权限信息，从而完成权限控制。

设置 Session 属性的程序代码参考如下。

```
    HttpSession session=request.getSession();  // 通过 request 获取 Ses-
sion 对象
    session.setAttribute("username","user1");  // 将变量存储到 session 中
    session.setAttribute("privilege","1");  // 将变量存储到 session 中
```

获取 Session 属性的程序代码参考如下。

```
    HttpSession session=request.getSession();  // 通过 request 获取 Ses-
sion 对象
    String username=session.getAttribute("username");  //从 session 中
获取 username 属性
    String privilege=session.getAttribute("privilege");
```

参考文献

[1] [美] 埃克尔 (Eckel, B.). Java 编程思想 [M]. 4 版. 陈昊鹏, 等译. 北京: 机械工业出版社, 2007.

[2] [美] 昊斯特曼 (Horstmann, C. S.). Java 核心技术, 卷Ⅰ: 基础知识 [M]. 8 版. 叶乃文, 邝劲筠, 杜永萍, 译. 北京: 机械工业出版社, 2008.

[3] 胡楠, 马志财. Java 基础进阶案例教程 [M]. 北京: 清华大学出版社, 2017.

[4] 李莉, 宋晏. Java 语言程序设计 [M]. 北京: 清华大学出版社, 2018.

[5] 李兴华. Java 从入门到项目实战 [M]. 北京: 中国水利水电出版社, 2019.

[6] 刘春茂, 李琪. Java 程序开发案例课堂 [M]. 北京: 清华大学出版社, 2018.

[7] 刘继承等. Java 8 程序设计及实验 [M]. 北京: 清华大学出版社, 2018.

[8] 刘云玉, 原晋鹏, 罗刚. JAVA 程序设计基础实验教程 [M]. 成都: 西南交通大学出版社, 2018.

[9] [美] 马克・罗伊 (Marc Loy), [美] 帕特里克・尼迈耶, [美] 丹尼尔・勒克 (Daniel Leuck). Java 学习手册 [M]. 5 版. 苏钰涵, 译. 北京: 中国电力出版社, 2021.

[10] 孟丽丝, 张雪. Java 编程入门与应用 [M]. 北京: 清华大学出版社, 2017.

[11] 明日科技. Java 从入门到精通 [M]. 北京: 清华大学出版社, 2021.

[12] 明日科技. Java 项目开发实战入门 [M]. 长春: 吉林大学出版社, 2017.

[13] 明日科技. 零基础学 Java [M]. 长春: 吉林大学出版社, 2017.

[14] 秦婧, 刘存勇, 钟玲. Java 程序设计基础 [M]. 北京: 机械工业出版社, 2016.

[15] [美] 塞若 (Sierra, K.), [美] 贝茨 (Bates, B.). Head First Java [M]. O'Reilly Taiwan 公司, 译. 北京: 中国电力出版社, 2007.

[16] 孙宇霞, 郑千忠. Java 开发课堂实录 [M]. 北京: 清华大学出版社, 2015.

[17] 谭义红. Java 面向对象程序设计案例教程 [M]. 北京: 北京邮电大学出版社, 2017.

[18] 王石磊. Java Web 开发技术详解 [M]. 北京：清华大学出版社，2014.

[19] 严蔚敏，吴伟民. 数据结构：C 语言版 [M]. 北京：清华大学出版社，2007.

[20] 杨文艳，田春尧. Java 程序设计 [M]. 北京：北京理工大学出版社，2018.

[21] 云尚科技. Java Web 入门很轻松：微课超值版 [M]. 北京：清华大学出版社，2022.

[22] 赵付青，高峰. Java 面向对象程序设计 [M]. 北京：国防工业出版社，2010.

[23] 【Java】Collections. sort ()方法——Comparable、Comparator 接口 [EB/OL]. https://blog. csdn. net/yangdan1025/article/details/86707087，2019-01-30.

[24] Class 类中 getMethods ()与 getDeclaredMethods ()方法的区别 [EB/OL]. https://www. cnblogs. com/warrior4236/p/5827810. html，2016-08-31.

[25] Eclipse 快捷键大全 [EB/OL]. https://zhuanlan. zhihu. com/p/390166462，2021-09-08.

[26] execute、executeQuery 和 executeUpdate 之间的区别 [EB/OL]. https://www. cnblogs. com/cai662009/p/8046410. html，2017-12-16.

[27] Hibernate（开放源代码的对象关系映射框架）[EB/OL]. https://baike. baidu. com/item/Hibernate/206989，2021-01-25.

[28] java—interrupt、interrupted 和 isInterrupted 的区别 [EB/OL]. https://www. cnblogs. com/w-wfy/p/6414801. html，2017-02-19.

[29] Java 并发编程六 线程间的协作方式 [EB/OL]. https://zhuanlan. zhihu. com/p/112544504，2020-03-19.

[30] java 中 PreparedStatement 接口的介绍和使用 [EB/OL]. https://blog. csdn. net/qq_38269362/article/details/107558852，2020-07-24.

[31] java 中的无符号移位运算 [EB/OL]. https://www. cnblogs. com/HITSZ/p/9181318. html，2018-06-04.

[32] Java 中没有抽象方法的抽象类 [EB/OL]. https://blog. csdn. net/xinguimeng/article/details/75258373，2017-07-17.

[33] Jdk [EB/OL]. https://baike. baidu. com/item/jdk/1011? fr=aladdin，2021-09-10.

[34] Jsp 和 Servlet 之间值传递的 N 种方法 [EB/OL]. https://zhuanlan. zhihu. com/p/31019275，2017-11-15.

[35] Jvm 系列（一）：java 类的加载机制 [EB/OL]. https://www. cnblogs. com/ityouknow/p/5603287. html，2016-06-21.

[36] LinkedList 双向链表解析 [EB/OL]. https://www. jianshu. com/p/78c051c9e308，2017-12-27.

[37] 读懂 isInterrupted、interrupted 和 interrupt [EB/OL]. https://zhuanlan. zhihu. com/p/265169898，2020-10-12.

[38] 机器码（machine code）和字节码（byte code）是什么？[EB/OL]. https://www. jianshu. com/p/1f7aa0bf4cba，2019-09-30.

[39] 你真的完全了解 Java 动态代理吗？看这篇就够了 [EB/OL]. https://www. jianshu. com/

p/95970b089360，2018-09-09.

［40］通配符＜？extends T＞和＜？super T＞区别及使用场景［EB/OL］. https：//blog. csdn. net/WLQ0621/article/details/108453438，2020-09-07.

［41］小滴课堂-学习笔记：互联网公司 Java Web 项目三层目录结构和 MVC 知识［EB/OL］. https：//blog. csdn. net/dev666/article/details/111510291，2020-12-22.